Goran Rajović
Jelisavka Bulatović

Pesca desportiva - caso do rio Rajova

Goran Rajović
Jelisavka Bulatović

Pesca desportiva - caso do rio Rajova

ScienciaScripts

Imprint
Any brand names and product names mentioned in this book are subject to trademark, brand or patent protection and are trademarks or registered trademarks of their respective holders. The use of brand names, product names, common names, trade names, product descriptions etc. even without a particular marking in this work is in no way to be construed to mean that such names may be regarded as unrestricted in respect of trademark and brand protection legislation and could thus be used by anyone.

Cover image: www.ingimage.com

This book is a translation from the original published under ISBN 978-3-330-65180-7.

Publisher:
Sciencia Scripts
is a trademark of
Dodo Books Indian Ocean Ltd. and OmniScriptum S.R.L publishing group

120 High Road, East Finchley, London, N2 9ED, United Kingdom
Str. Armeneasca 28/1, office 1, Chisinau MD-2012, Republic of Moldova, Europe
Printed at: see last page
ISBN: 978-620-8-16319-8

PREÂMBULO

A pesca recreativa é a captura de animais aquáticos (principalmente peixes) que não são o recurso primário para os indivíduos satisfazerem as suas necessidades nutricionais básicas e que geralmente não são vendidos ou comercializados nos mercados de exportação, doméstico ou negro (FAO, 2012). A pesca recreativa é um passatempo popular em muitos países. Em água salgada ou doce, os pescadores recreativos utilizam uma série de técnicas de pesca tradicionais, desde canas e linhas a redes e armadilhas. Embora o valor acrescentado direto da pesca recreativa seja pequeno em comparação com a pesca comercial, o montante da atividade económica gerada pela pesca recreativa pode ser grande (OCDE, 2016). O impacto desta atividade nas comunidades rurais onde a pesca recreativa tem lugar pode ser significativo, no nosso caso o rio Rajova. As actuais Diretrizes Técnicas para a Pesca Responsável (ver FAO, 2012) centram-se na pesca recreativa e descrevem estratégias para promover uma gestão ambientalmente sustentável e socialmente responsável dessas pescarias. "O conceito de gestão aquática é introduzido como o quadro ético global necessário para uma pesca recreativa ambientalmente sustentável à escala global. São reconhecidas as considerações especiais necessárias para a pesca recreativa nos países em desenvolvimento e nas economias emergentes. A adesão às diretrizes e recomendações apresentadas neste documento permitirá que os decisores políticos, os gestores e o sector da pesca recreativa como um todo orientem a pesca recreativa no sentido de manter ou alcançar a sustentabilidade" (FAO, 2012). Atualmente, os indivíduos e os governos de todo o mundo estão mais interessados e activos do que nunca na conservação e na utilização sustentável do ambiente natural (ver Winfield, 2016). Além disso, dispomos de um vasto conhecimento científico sobre a maioria das ameaças que o nosso ambiente aquático enfrenta, incluindo os seus peixes e pescarias, e mais do que nunca é imperativo que este conhecimento seja comunicado de forma eficiente e exacta aos gestores ambientais e das pescas (ver Winfield, 2010; Winfield, 2014). Além disso, a sociedade montenegrina nunca esteve tão consciente do seu ambiente natural e das ameaças que enfrenta, tanto a nível local como global. "Muitos que a conservação e a utilização sustentável do nosso ambiente natural, incluindo os seus recursos e serviços, como as pescas e a pesca recreativa, continuam a enfrentar desafios significativos, sendo motivo de grande otimismo" (Winfield, 2016).

Apresentamos aqui um método relativamente simples para abordar as lacunas de conhecimento generalizadas no sector da pesca recreativa (ver Arlinghaus, 2006; Cowx et al, 2010; Post et al, 2010). O nosso método, como concluem de Kerckhove et al. (2015), "não precisa de ser estritamente preditivo ou quantitativo. Embora o nosso estudo de caso tenha resultado em estimativas que foram geralmente corroboradas por programas de monitorização provinciais e estudos de investigação publicados, os conhecimentos que obtivemos foram mais úteis como ferramenta qualitativa para a tomada de decisões. Esperamos que a abordagem aqui apresentada alargue o conjunto de ferramentas e ajude a informar as decisões políticas sobre um recurso natural, um ecossistema e uma economia valiosos.

Resumo: Embora todos os valores naturais e antropogénicos necessários para o desenvolvimento da pesca recreativa estejam presentes, a área observada do rio Rajova ainda não é capaz de satisfazer os requisitos da procura moderna de desporto recreativo. O maior obstáculo ao desenvolvimento da pesca recreativa na área observada é a insuperável baixa qualidade da água de pesca, que é menos capaz de atingir e manter populações de peixes mais elevadas. Por outro lado, os pescadores recreativos em idade ativa estão cada vez mais sobrecarregados com compromissos profissionais e de trabalho, pelo que têm de lutar pela sobrevivência diária, existência, para a qual há menos tempo para este desporto. A saída promissora do rio Rajova no mercado desportivo e recreativo será uma nova abordagem na utilização dos instrumentos básicos da política empresarial e turística: Melhoria da gestão, estabelecimento de uma monitorização regular dos recursos e conservação do habitat da truta castanha, ajustamento da capacidade de pesca com a pressão da água de pesca, introdução de registos adequados obrigatórios das capturas na pesca desportiva - recreativa e comercial, introdução de medidas de controlo rigoroso da caça e punição da caça furtiva, popularização da pesca desportiva - recreativa no contexto da utilização sustentável. A experiência anterior nos países da Europa Ocidental mostrou que o investimento no desenvolvimento da pesca recreativa contribui para melhorar a qualidade global do turismo desportivo e recreativo. Por conseguinte, parece-nos urgente adotar uma abordagem diferente para o desenvolvimento da pesca recreativa no rio Rajova.

Palavras-chave: rio Rajova, pesca desportiva, truta castanha, desenvolvimento.

Capítulo 1 Introdução Considerações

A recreação é uma atividade humana que, de acordo com Kassaye (2017), aumenta os benefícios dos visitantes. "Como resultado do aumento da população, do rendimento e da mobilidade, a procura de actividades recreativas ao ar livre aumentou em muitos países em desenvolvimento (Clawson e Knestsch, 1966). Teoricamente, Clawson (1959) afirmou que o estabelecimento de um valor exato e aceitável para a recreação ao ar livre seria valioso para a gestão dos recursos de várias formas. Em primeiro lugar, forneceria um meio de comparar a importância do lazer com a de outros usos dos mesmos recursos. Em segundo lugar, o valor do lazer a ser proporcionado por uma área de lazer proposta forneceria uma medida da adequação do investimento necessário no projeto. Em terceiro lugar, o valor recreativo forneceria um limite para quaisquer taxas que pudessem ser cobradas pelo uso" (Kassaye, 2017). De acordo com Kassaye (2017), citando o investigador Torkildsen (2005), o lazer e a recreação das pessoas são possibilitados por uma variedade de fornecedores, poderes e funções governamentais e recursos naturais e artificiais, serviços, instalações e gestão. É necessária uma gama de serviços e programas para satisfazer as diversas necessidades e exigências dos indivíduos, famílias, grupos, clubes, associações, agências governamentais e organizações grandes e pequenas. Um dos locais onde os habitantes das aldeias rurais do nordeste do Montenegro passam os seus tempos livres é o rio Rajova.

O autor deste texto, G. R. como grande fã dos rios Rajova, adorou-os e ao seu ambiente de vida - peixes e pessoas - pescadores recreativos, aldeões de povoações rurais com quem Gnjili Potok gosta de se unir e recolheu deles muita informação que foi generosamente utilizada na redação da sua publicação de história local (ver Rajovic, 2009; Rajovic e Rajovic, 2010; Rajovic e Bulatovic, 2012; Rajovic e Bulatovic, 2013; Rajovic e Bulatovic, 2013; Rajovic e Bulatovic, 2013; Rajovic e Bulatovic, 2014; Rajovic e Bulatovic, 2014; Rajovic e Bulatovic, 2015; Rajovic e Bulatovic, 2016). As áreas protegidas estão intimamente ligadas à água e ao ambiente aquático, de acordo com Morar e Pop (2016), estes ambientes frágeis são activos valiosos para as comunidades locais. Os seus valores e recursos devem ser utilizados para promover mecanismos integrados de desenvolvimento sustentável através do surgimento de novos tipos e formas de turismo, onde a educação, a conservação e a proteção devem ser alcançadas, uma vez que estas áreas podem ser consideradas como destinos turísticos. Para além do relaxamento e da recreação, o foco educacional deve ser promovido à medida que os turistas compreendem as áreas protegidas sem as prejudicar, com estas actividades combinadas a apoiar novas formas e tipos de turismo na região. Morar e Pop (2016), com base na pesquisa de Eagles et al. (2002) e Ilieş et al. (2015), sugerem que a visitação deve ser integrada em abordagens adequadas de planeamento e gestão de áreas protegidas para aumentar as oportunidades económicas locais, proteger o património natural e cultural, melhorar a qualidade de vida geral e aumentar a consciência ambiental dos recursos naturais entre os habitantes locais. Johannes et al. (2000) sublinham, com razão, que, em muitos países em desenvolvimento, o financiamento da investigação científica no domínio das pescas é muito escasso, pelo que a informação que os pescadores podem fornecer é a única fonte de dados disponível. Esta cooperação pode trazer benefícios potenciais para os próprios pescadores, reforçando os seus valores culturais, dando-lhes maior visibilidade e reconhecimento por parte dos utilizadores das zonas de pesca e melhorando a cooperação entre os pescadores e as autoridades e a gestão (Löffler, 1991).

A pesca recreativa, enquanto segmento da gestão de águas abertas e, por conseguinte, parte indispensável da pesca, possui indubitavelmente todos os elementos de uma

atividade económica. Holland et al. (2000) salientam que a pesca "catch-and-release" é praticada e proporciona benefícios económicos positivos às comunidades locais (emprego, importação de novas receitas) e apoio financeiro direto (por exemplo, venda de licenças, taxas de entrada no parque, venda de artesanato local) na região. Mais importante ainda, promove um comportamento ético que protege e sustenta as populações de peixes, fornece apoio político para a água potável e iniciativas locais de conservação, incentiva o respeito pela natureza e pelo ambiente natural e promove uma ética de responsabilidade. Em particular, o Estado do Montenegro em
os concursos públicos concedem zonas de pesca durante um determinado período, mediante pagamento de uma taxa - os arrendatários (clientes), principalmente associações de cidadãos registadas. Os utilizadores estão autorizados a vender licenças anuais e diárias a pescadores desportivos e profissionais, com base nas quais são recolhidos lucros materiais. Ao mesmo tempo, os utilizadores têm a obrigação de promover a zona licenciada, organizar o serviço de proteção da população piscícola, impedir actividades ilegais e comunicar às instituições competentes se observarem a poluição dos cursos de água na sua zona ou acções impróprias relacionadas com a gestão da água e no leito do rio que possam ter um impacto negativo nas unidades populacionais de peixes. Os utilizadores são também obrigados a contratar institutos especializados autorizados a efetuar estudos hidrobiológicos e análises das populações de peixes numa determinada área e a tomar medidas para melhorar as populações de peixes com base nos resultados. Os restantes activos representam um lucro ou rendimento. Os pescadores desportivos que adquirem uma licença têm o direito de pescar na água e de capturar peixes. O peixe capturado, desde que respeite a regulamentação relativa ao tamanho, ao número e à época de desova de cada espécie, pode ser transportado para consumo pessoal. No entanto, os pescadores desportivos não têm o direito de colocar em circulação e vender o peixe capturado.

No rio Rajova, a pesca recreativa, segundo o critério do autor deste artigo, emprega 6 dos pescadores recreativos. A gestão da água na área do município de Andrijevica, que inclui o rio Rajova, foi confiada à "Associação de Pesca LIM". A pesca recreativa como desporto é muito popular no Montenegro e esta competição tem lugar a diferentes níveis (clubes, região, república, competição internacional). Os resultados da nossa investigação, baseados em estudos semelhantes realizados por Cuk e Brankovic (2015), mostram que há uma série de boas revistas de pesca, programas de televisão e rádio no Montenegro que tratam da pesca, que os sítios Web destas pescas se expandiram significativamente e que foi publicado um maior número de monografias no domínio da pesca. Além disso, o Montenegro dispõe de um certo número de instituições no domínio das pescas e de pessoal qualificado que poderia controlar e melhorar as unidades populacionais de peixes, mas, devido à falta de fundos para a investigação, o potencial destas instituições não é suficientemente utilizado.

Capítulo 2 Revisão da literatura

"A disciplina académica da geografia preocupa-se essencialmente com duas questões. Trata-se de saber onde estão as coisas e porque é que elas estão lá. Arild Holt-Jensen expressa a questão geográfica mais importante da seguinte forma: "Porque é que isto aqui é assim?" (Holt-Jensen, 1988). Isto significa que a geografia tem a ver com a localização e a sua explicação. Consequentemente, tudo o que tem uma localização ou distribuição geográfica e todos os processos que influenciam a localização ou distribuição geográfica são de interesse para a disciplina. Wooldridge e East (1966) afirmam que a geografia tem um papel especial a desempenhar: o papel de coordenação e integração. Ela funde os resultados de outras disciplinas...". De acordo com Haggett (1990), existe um núcleo de geografia baseado em três caraterísticas geográficas principais. Em primeiro lugar, a ênfase é colocada na análise espacial, que tenta representar e analisar os padrões espaciais de vários fenómenos" (Appelblad, 2001). Em segundo lugar, a tónica é colocada nas relações terra-povo, a análise ecológica, que dá ênfase às relações verticais entre as pessoas e o ambiente dentro de uma área geográfica limitada (utilização de recursos no sentido mais lato). Em terceiro lugar, a tónica é colocada na síntese regional, os complexos regionais, em que as abordagens espacial e ecológica são reunidas. A partir deste tríplice núcleo geográfico, existem ligações a domínios de apoio na periferia, como a sociologia, a economia, a história, a biologia e a geologia... De facto, Williams (1998) sublinha que o fenómeno da pesca recreativa e da pesca à linha é também de interesse considerável nos subcampos da geografia recreativa e do turismo" (Appelblad, 2001).

Desde a década de 1990, de acordo com Ferrara (2016), muitos estudos têm-se centrado no impacto dos eventos desportivos (Chalip et al, 2003; Baloglu e McCleary, 1999; Waitt, 2003; Zukin, 1995; Pearce, 1982). Estes estudos atraíram o interesse dos investigadores de geografia económica (Korstanje, 2012; Gartner, 1989; Ritchie e Smith, 1991). Os eventos desportivos podem ter um impacto na qualidade de vida dos anfitriões e apoiar a realização de actividades recreativas para a comunidade (Litvin e Fetter, 2006; Gartner e Hunt, 1987). "Estes eventos podem também reforçar as tradições locais e a identidade cultural. Estes eventos podem também influenciar a imagem do destino

No entanto, apesar da importância dos aspectos geográficos, vários estudos documentam apenas o impacto económico (Richardson, 2012; Paddison, 1993; Roche, 2000; Richardson e Crompton, 1988). Este estudo tenta preencher a lacuna da literatura, examinando o impacto geográfico de um evento turístico (Bramwell e Rawding, 1996; Chon, 1990; Zhang et al., 2009; Tapachai e Waryszak, 2000)" (Ferrara, 2016). Atualmente, de acordo com Shafiei et al. (2017), as marcas em destinos rurais desempenham um papel importante no desenvolvimento da economia verde e do turismo sustentável. Cai (2002) propôs um dos primeiros modelos conceituais para a marca de destino rural. No modelo, os elementos da marca são combinados para identificar e posicionar claramente o destino através da construção de uma imagem positiva. Como Shafiei et al. (2017) apontam, esse entendimento é derivado da literatura geral de branding (por exemplo, Aaker, 1997; Keller et al., 1998; Pham e Muthukrishnan, 2002) e enfatiza o papel da construção da imagem. Além disso, num artigo intitulado "Cooperative branding for rural destinations", Cai (2002) argumentou que a concetualização e a modelação do branding cooperativo ajudarão a fazer avançar o campo do marketing de destinos e permitirão uma utilização eficiente dos recursos do turismo rural e práticas de marketing eficazes. "Além disso, Embacher (2013) insistiu que a construção e a gestão de uma marca de turismo rural proporcionam benefícios ao apoiar cadeias de negócios, criando confiança em produtos e serviços desconhecidos, fornecendo garantia, facilitando a tomada de decisões, permitindo a identificação e a autoexpressão, criando familiaridade e preconceito positivo, minimizando o risco de deceção, representando valor, fornecendo direção, representando qualidade controlada e criando negócios repetidos" (Shafiei et al, 2017). Com o objetivo de avaliar o impacto da pesca recreativa, analisámos as questões relacionadas com o desenvolvimento da pesca recreativa utilizando o rio Rajova como exemplo.

Por conseguinte, a minha análise da literatura disponível sobre a truta das fontes incluiu três etapas principais. A primeira etapa consistiu numa pesquisa bibliográfica orientada para estudos específicos, a fim de obter dados adicionais relevantes. A segunda etapa consistiu na pesquisa da bibliografia de estudos

Resumir o historial das publicações relacionadas com os termos e o estudo de interesse. Numa terceira etapa, analisei todas as publicações que recebi durante a minha investigação. Draskovic (1996), por exemplo, faz referência a Ernest Hemingway na série "Great people - great sports fishermen". Este escritor mundialmente famoso tornou-se uma grande autoridade na literatura sobre a pesca desportiva. Ganhou o Prémio Nobel da Literatura (1954), e muitas das suas obras são "pintadas" a peixe ("O Grande Rio Engana o Coração", "O Sol Também se Levanta", "No Azul", "O Velho e o Mar", "Ilhas ao Vento"). Numa revisão da literatura nacional, destacamos, nesta ocasião, a monografia "Caça e Pesca" (1963), "A Pesca e a Água" (2003). Para nós é também muito interessante o livro "Segredos da pesca - uma coletânea de artigos sobre a pesca" (2002), dedicado aos pescadores que querem estar num só lugar, onde encontrarão tudo o que precisam para uma pesca bem sucedida. Nomeadamente, as publicações incluem mais de 120 métodos de pesca com sistemas em que a atenção se centra nas especificidades de cada espécie de peixe; a forma e o local de apanhar o isco; 70 técnicas de receita de atração em função da espécie de peixe, da água e da época do ano; 70 tipos de isco de origem animal ou vegetal com explicações completas sobre o método de preparação, armazenamento e utilização; 40 espécies de peixes de rios locais em mais de 150 páginas com uma breve descrição dos habitats e do alimento natural de cada um. A publicação acima referida centra-se nas técnicas de pesca, nas iscas típicas e em 40 receitas de pesca testadas e comprovadas, bem como em instruções pormenorizadas sobre como fazer o seu próprio equipamento de pesca ... Na ovom mestu navodimo i istrazivacke tekstove Maric e Milosevic (2009), Maric e Talevski (2009). Estudos semelhantes podem também ser encontrados na literatura internacional: Gaudet (1977), Norling (1977), Tuomi (1977), Gerdeaux (1991), Marta - Rodrigues e Bochechas (2001), Cooke e Cowx (2004), Cooke e Cowx (2006), EIFAC (2010), Phan (2010), Flåten (2011), Gupta et al (2014), Gupta et al (2015).

O ecoturismo é uma componente de uma categoria mais vasta de turismo - o turismo de natureza. A principal atração do turismo de natureza, de acordo com Ditton et al. (2002), citando Laarman e Durst (1993), é um destino baseado em recursos naturais com actividades como a observação de paisagens naturais, plantas, vida selvagem ou aves, bem como canoagem, ciclismo, caminhadas, mergulho, etc. O objetivo do turismo de natureza é desfrutar de áreas naturais ou de vida selvagem maioritariamente subdesenvolvidas. Ditton et al. (2002) por Honey

(1999) define o ecoturismo como uma viagem a áreas sensíveis, prístinas e normalmente protegidas, com baixo impacto e em pequena escala. Deve também contribuir para a educação dos viajantes, proporcionar financiamento para a conservação da natureza, beneficiar diretamente o desenvolvimento económico e a capacitação política das comunidades locais e promover o respeito por outras culturas e pelos seus direitos humanos.

"A maioria dos estudiosos do turismo não caracterizaria a pesca como "ecoturismo" (Ceballos - Lascurain, 1996; Goodwin, 1996; Fennell, 2000), uma vez que se trata de uma atividade de consumo. No entanto, tem-se argumentado que algumas formas de pesca podem ser consideradas ecoturismo (Holland et al., 1998, Holland et al., 2000). Nestes casos, a pesca é praticada numa base de "captura e libertação" e proporciona benefícios económicos positivos às comunidades locais (emprego, novos rendimentos, etc.), bem como apoio financeiro direto (por exemplo, venda de licenças, taxas de entrada no parque, venda de artesanato local) à zona em questão. Mais importante ainda, promovem comportamentos éticos que protegem e conservam as populações de peixes, proporcionam apoio político para a água potável e iniciativas locais de conservação, incentivam o respeito pela natureza e pelo ambiente natural e promovem uma ética de gestão" (Ditton et al., 2002).

"As migrações da truta castanha são "um fenómeno potencialmente comum e importante" (Gowan et al., 1994). Funk (1957) introduziu a ideia de que as populações de peixes nos cursos de água podem muitas vezes ser constituídas por uma componente relativamente sedentária e uma componente mais móvel com indivíduos altamente migratórios. Também referiu que a extensão do movimento depende do habitat e da estação do ano. A extensão dos movimentos dos salmonídeos é importante para a invasão, pois reflecte provavelmente a capacidade de dispersão, se não a tendência para a dispersão. Goldwasser et al. (1994) demonstraram que mesmo um pequeno número de indivíduos altamente migradores aumentava consideravelmente a taxa de dispersão de uma população simulada, e a inclusão da variabilidade nos movimentos individuais resultava numa dispersão ainda mais rápida. As conclusões retiradas dos estudos sobre os movimentos dos peixes dependem muitas vezes dos métodos de investigação utilizados (Gowan et al., 1994). Enquanto muitos estudos de marcação e recaptura concluem que os peixes nos cursos de água se deslocam apenas de forma limitada, quase todos os estudos de radiotelemetria mostram que alguns indivíduos percorrem longas distâncias (Gowan et al., 1994). Os estudos anteriores sobre os movimentos da truta-marisca selvagem (nativa ou naturalizada) podem ser divididos em quatro categorias, de acordo com os métodos utilizados: Marcação e

Recaptura com manipulação mínima, marcação e recaptura com alterações nas comunidades de peixes, populações ou habitats, radiotelemetria (um estudo) e definição e recolonização" (Adams, 1999).

Capítulo 3 Área de estudo

As primeiras fontes históricas sobre o rio Rajova remontam a 1744, quando os irmãos Rajo (irmandade Rajovic) e Vuka (irmandade Vukic) viviam na aldeia de Gnjili Potok. Três anos mais tarde, este local é habitado por Labo (Irmandade Labovic). Quando o autor deste artigo escreve sobre os habitantes da aldeia de Gnjili Potok, pensou se poderia separar e descrever a população geral de Potok e do rio Rajova. Não posso, ou não sou investigador para o fazer, pela simples razão de que a população da aldeia rural de Gnjili Potok e as maravilhosas paisagens do rio Rajova se interpenetram livremente, complementando-se mutuamente em alegria e satisfação. O rio Rajova tem o nome do fundador da irmandade Rajovic - Rajo, que veio pela primeira vez com o seu próprio rebanho de ovelhas e viveu nesta zona durante duzentos anos. Em termos técnicos, em vez de "rios Rajova", utiliza-se frequentemente o nome "rio Rajovic". Este nome não tem nada de errado. Talvez seja mais apropriado. No entanto, o autor do presente artigo, tendo em conta as origens históricas e as tradições da aldeia rural de Gnjili Potok, mantém o nome de rio Rajova.

No rio Rajova, a pesca é uma atividade tradicional. A investigação de Rajovic (1995) e Rajovic & Rajovic (2010) mostra que o homem ao longo da história do rio Rajova, de várias formas de pesca. Peixe - truta castanha homem aldeia rural Gnjili Potok é a primeira caça com as próprias mãos, que ainda está em uso pesado ou tem feito uma variedade de redes e armadilhas. O excesso de mercúrio apanhado pelos peixes que não podia utilizar naquele momento, era guardado em vários tanques, de origem artificial ou natural, como reserva para o período de inverno. Com o tempo, a truta castanha do rio Rajova começou a multiplicar-se de tal forma que o homem da aldeia rural de Gnjili Potok começou a ganhar experiência e conhecimentos valiosos que permitiram ao pescador recreativo tornar-se um criador. Atualmente, um exemplo típico de um peixe reprodutor bem sucedido é a truta castanha, que se encontra na aldeia vizinha de Kralje (tanque de peixes - Perovic). Por tudo isto, podemos concluir que a pesca é uma atividade humana muito antiga, que remonta aos primeiros tempos do povoamento do rio Rajova e dos seus arredores.

Figura 1: *Repouso, recreio e investigação - texto do autor GR no rio Rajovoj* O rio Rajova nasce abaixo do monte Lise, abaixo de Slatinskog katun, que é formado por três nascentes. A jusante, no curso superior do Dobrog Rta até à ponte na Rajovoj, tem as

caraterísticas de um rio de montanha rápido com duas nascentes profundamente encaixadas entre o Žunjaka, o Dobrog Rta, o Žara e o Paljine. No fluxo médio do rio Rajova, que é das planícies aluviais superiores à esquerda e à direita, formam pequenas e grandes planícies aluviais, e as mais difundidas na confluência do riacho Radmilickog e do rio Tresnjevicka (planícies aluviais Rajovic, planícies aluviais Milicevic, planície aluvial Kastratovic, planície aluvial Labovic), no moinho de água "Bozovic" (novamente planície aluvial Rajovic, planície aluvial Sekler), mais a jusante são formadas após a planície aluvial (planície aluvial Milicevic e planície aluvial Labovic). A partir do moinho de água de Labovica, as planícies aluviais desaparecem e o rio Rajova volta a correr, de modo que o seu curso inferior, ou seja, no sopé do Cuka, recebe o rio Cukacka à direita. Na aldeia de Miravcine ou Dubokalj, o rio Rajova volta a formar planícies aluviais mais pequenas e maiores (planície aluvial de Novovic, planície aluvial de Martinovic e planície aluvial de Dekic). Nesta zona, o Dubokalja perde o seu nome (Rajova) e continua a correr sob o nome de Kraštica, desaguando no Lim em Mosta Bandovic. Em certos locais, desde a nascente até à calha de Dubokalj, o rio Rajova é tão profundo que foram criadas verdadeiras piscinas naturais, com uma profundidade de cerca de setenta centímetros a um metro e meio, nas quais a água desce até às poderosas quedas de água do programa "National Geographic".

Figura 2: *Imagem de satélite - Rio Rajova* (www.me.geoview.info).

A ponte sobre o rio Rajova ergue-se elegantemente sobre o rio. Neste ponto, a beleza extraordinária concentra-se na unidade da água, das florestas, das aldeias e do céu que nela se reflecte. E sob a ponte, o rio Rajova tem a sua própria dinâmica ou o mar obscurece a vida. Apanhado pela beleza da natureza, ao mesmo tempo que o autor deste texto, lamentava não ser um artista que pintasse fielmente ou descrevesse a beleza irreal do ambiente que é proporcionado nesta zona pelo rio Rajova. Lembrei-me dos "Sinais ao longo da estrada" de Andric (2005) "De todas as coisas que um homem constrói na vida, na minha opinião, nada é melhor ou mais valioso do que as pontes. São mais importantes do que as casas, mais sagradas e universais do que os templos. Servem a todos e tratam todos por igual, são úteis e são sempre construídas deliberadamente no sítio onde abraçam o maior número de pessoas.

Necessárias, são mais duradouras do que outras construções e não servem nenhum mistério ou mal... E quando falo de pontes, na minha memória emergem não aquelas que atravessei mais vezes, mas aquelas que captaram e cativaram a minha atenção e a minha mente". Não devemos ser injustos nem Rajova os afluentes do rio depois do rio! E se a distância percorrida e a quantidade de água transportada são diferentes, os seus afluentes são igualmente puros e límpidos, igualmente rápidos e frios. O rio Rajova, em ambos os lados de toda a extensão da bacia, recebe numerosas nascentes e riachos. Do lado direito: rio Tresnjevicka, Brestov Do, Vranjak, Vrelo, Laz, ribeiro Zunjacki, Jagodnjak, Ravni Lom, Jelar, ribeiro Ornice e ribeiro Lanište. À esquerda: Parlog, Lascic, ribeiro Radmilicki, ribeiro Bakin, ribeiro Gnjili e ribeiro Suvi. O afluente Rajova tem a sua própria dinâmica, mas em termos de vida protegida. A água é alimentada por nascentes subterrâneas e também pela superfície. O nível da água sobe e desce consoante as condições meteorológicas. No complexo afluente do rio Rajova, uma grande quantidade de faias e abetos antigos, que formavam uma verdadeira reserva florestal. Árvores grossas, árvores altas e, para preservar a paz e a tranquilidade, o rio Rajova.

Figura 3: O *rio Rajova com o nível de água elevado - cruel, mas ainda assim belo*

Num passado não muito distante, existiam 6 moinhos de água no rio Rajova que testemunham a vida das pessoas desta região: moinho de água Rajovic, moinho de água Bozovic, moinho de água Novovic, moinho de água Labovic e no rio Tresnjevicka - moinho de água Novovic. Os moinhos de água para a transformação de cereais tiveram grande importância na vida nacional, o que se reflecte em várias direcções: são uma parte significativa do poder económico da antiga aldeia; monumento digno de arquitetura, pelo conhecimento técnico penetrado e pela tecnologia de construção de moinhos, são ainda um monumento vivo das disposições do antigo direito consuetudinário e, com ele, um fator significativo da vida quotidiana no campo - um dos seus centros comunitários. O único moinho de água que resistiu à devastação do tempo é o moinho de água de Bozovic.

Figura 4: *Nenhuma parte do nosso património cultural é tão profunda, nem abrange muitas correntes da vida da aldeia rural de Gnjili Potok, como o velho moinho de água "Bozovic" (Rajovic).*

É necessário organizar uma pesquisa exaustiva para determinar se o espaço ocupado pelo moinho de água deste tipo, a incidência de certos nomes, costumes e regras de direito consuetudinário, para determinar a importância económica da vida rural na empresa, e técnicas de construção documentadas moinho edifícios e instalações, em suma, que ele vai construir uma visão com a qual ele irá obter uma imagem abrangente o este valioso monumento da cultura material do nosso povo (Findrik, 1983).

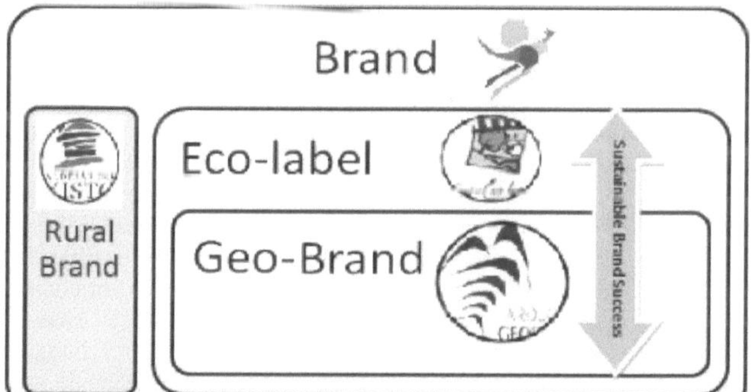

Figura 5: *Sucesso da marca sustentável em destinos de turismo rural* (Shafiei et al, 2017).

Nas últimas duas décadas, de acordo com Shafiei et al. (2017), com o surgimento do geoturismo como uma forma sustentável de turismo em áreas protegidas e rurais, um novo conceito de "geomarca" - uma marca amiga do ambiente que cria uma imagem que identifica o património geomorfológico de uma área - encontrou o seu caminho no marketing turístico. Em conclusão, os rótulos ecológicos e as geomarcas contribuíram, sem dúvida, para promover o êxito das marcas sustentáveis nos destinos de turismo rural (Figura 5).

Capítulo 4 Metodologia da investigação

A pesca lúdica, com base na aplicação das medidas recomendadas para as boas práticas ambientais, tem um impacto visível no desenvolvimento sustentável, que se reflecte no planeamento económico, social, ambiental e histórico-cultural, tanto a nível local como nacional. Toda a informação contida neste artigo foi obtida através de métodos específicos de investigação selectiva, tendo em conta todas as suas fases do ponto de vista metodológico: identificação do tema em estudo, delimitação do quadro de investigação, recolha de informação, tratamento de dados, análise e interpretação com elaboração de conclusões. A pesquisa também desempenhou um papel importante neste artigo, por um lado, na identificação de outros estudos e artigos sobre o mesmo tema e, por outro, na análise e interpretação dos dados. e, por outro lado, no tratamento do inquérito. Assim, as fontes de informação utilizadas podem ser divididas em publicações nacionais (institutos de investigação, universidades, etc.) e fontes não governamentais (publicações independentes). No estudo, é dado um lugar especial aos textos da literatura internacional baseados em estudos semelhantes. Como os dados disponíveis sobre a pesca desportiva e o seu impacto no turismo são muito escassos, os resultados da investigação baseiam-se numa série de análises essencialmente qualitativas, por um lado, e numa série de considerações lógicas, por outro.O procedimento metodológico do inquérito baseia-se na investigação de Smederevac (2007), adaptada para efeitos do presente estudo, tendo em conta a experiência de investigação do autor deste artigo em investigações semelhantes (ver Rajovic e Bulatovic, 2008; Rajovic, 2009; Rajovic e Bulatovic, 2011; Rajovic e Bulatovic, 2013; Rajovic e Bulatovic, 2015; Rajovic e Bulatovic, 2015; Bulatovic e Rajovic, 2015; Rajovic e Bulatovic, 2016; Rajovic e Bulatovic, 2016; Rajovic e Bulatovic, 2016; Rajovic e Bulatovic, 2016). O questionário/inquérito serviu como uma ferramenta útil que poderia ser utilizada na prática para avaliar o nível e a utilização da fauna piscícola, bem como as possíveis razões para os problemas que ocorrem em relação ao número e à composição da população piscícola no rio Rajova. Na fase preparatória do inquérito, os participantes visitaram a área de estudo. Para visitar a área e ter uma ideia das possibilidades da investigação planeada, foi necessário recolher informações existentes sobre resultados anteriores e a história da área no domínio da pesca recreativa. O inquérito abrangeu cinco pescadores recreativos no município rural de Gnjili Potok que, de acordo com os dados do inquérito para 2016 de 8,2% em comparação com o número total de população permanentemente empregada (61), estão ou estiveram envolvidos na atividade na área de investigação. As perguntas relacionavam-se com as caraterísticas demográficas do grupo-alvo, equipamento e métodos de pesca, avaliação económica, legislação, controlo, poluição, problemas e sugestões para soluções e melhor gestão. No entanto, de acordo com Caldwell et al. (2016), este facto sugere que os indivíduos da comunidade de investigação devem ser cautelosos ao escolher um método de inquérito que se baseie apenas na influência local, uma vez que tal não é necessariamente benéfico para uma gestão, conservação ou comparação científica bem sucedidas. Muitas vezes, o principal objetivo dos inquéritos à pesca é compreender melhor e melhorar o estado dos nossos recursos fluviais. Um dos meios mais eficazes para atingir este objetivo consiste em fornecer aos cientistas, gestores e decisores políticos conjuntos de dados o mais completos e comparáveis possível; isto pode garantir que os gestores possam medir os impactos de actividades específicas, comparar esses impactos e tomar as decisões de gestão mais eficazes e informadas. O desenvolvimento e a aplicação de métodos normalizados de recolha de dados que sejam eficazes em todas as regiões é uma forma de forneceresta informação aosgestores.

Capítulo 5 Análise

Durante séculos, muitas pessoas importantes e comuns pensaram que os recursos do rio eram ilimitados. Ommer e Paterson (2014), citando a investigação de Jentoft e Chuenpagdee (2009) e Khan e Neis (2010), salientam que, na década de 1980, sabíamos que não era esse o caso, mas continuávamos a acreditar que os problemas de sobrepesca eram, em grande parte, um fenómeno recente que podia ser remediado com relativa facilidade. No entanto, muito poucas pessoas estavam dispostas ou eram capazes de compreender a ideia de que o rio sem limites poderia, de facto, ser limitado. No entanto, neste novo século, toda a humanidade foi forçada a prestar atenção ao ambiente. Nalguns países, a pesca e as suas interligações têm sido vistas como um motor de crescimento, enquanto noutros as fases de desenvolvimento das interligações têm sido ignoradas e o peixe tem sido visto como um alimento básico inadequado ou "falhado". Este enfoque mais vasto significa que, tradicionalmente, os cientistas das pescas se têm concentrado principalmente na utilização de modelos de avaliação das populações para determinar, embora sem êxito, o número de peixes que podem ser capturados e para encontrar formas de minimizar o acesso aos recursos haliêuticos.

No entanto, os problemas de gestão das pescas tornaram-se muito mais complexos. Appelblad (2001), seguindo Wendt (1997), desenvolveu as tipologias da pesca especializada e da pesca familiar, identificando os diferentes elementos que constituem a pesca ideal.

Quadro 1: Tipologia dos pescadores desportivos

Family fisher	Fishing Expert
"Bite“ - Easy - Nice - Friendly -Social companionship -High service demands	Quality - Difficult - Variation - Unique and special - Social companionship - Updated on new fishing gears

Fonte: Appelblad (2001).

As tipologias acima referidas são, evidentemente, tipos ideais. O carácter de cada pescador é, sem dúvida, mais complexo na vida real. No entanto, a tipologia é uma expressão da grande variedade que existe no seio do grupo heterogéneo de pescadores. Os elementos incluídos parecem quase contraditórios, e só o companheirismo social é igual para os dois tipos. No entanto, o companheirismo social é muito diferente para o pescador familiar e para o perito da pesca à linha. Para o pescador familiar, é provável que seja a família, enquanto para o perito em pesca são os amigos que partilham os mesmos interesses de pesca. As diferentes categorias de pescadores têm necessidades diferentes, comportam-se de forma diferente e devem ser tratadas de forma diferente do ponto de vista da gestão. Os especialistas são um grupo importante, uma vez que influenciam os outros pescadores e introduzem frequentemente inovações em relação à pesca e às zonas de pesca (Appelblad, 2001).

Os resultados da nossa investigação baseiam-se em estudos semelhantes Smederevac (2007) mostra que a utilização dos recursos haliêuticos pelo Montenegro entre os países da

A Europa Ocidental, onde a pesca recreativa está largamente desenvolvida, e o Leste, onde a pesca comercial tem representado um fator social e económico significativo na sociedade. Devido à situação geral da sociedade montenegrina, caracterizada pelo desemprego, por baixos níveis de vida, por conflitos socioeconómicos, pelo declínio das grandes empresas públicas e pelas privatizações, muitos montenegrinos continuam a praticar a pesca para complementar a sua dieta e/ou como fonte adicional de rendimento. Contudo, ao contrário do que acontece nos países desenvolvidos, onde a pesca está ligada à qualidade do nível de vida, no Montenegro o desenvolvimento do turismo e das zonas em que aumenta o número de pescadores recreativos não está estreitamente ligado às zonas de progresso e ao nível de vida. Em particular, um pequeno número de pescadores que pertencem a famílias abastadas? Além disso, as zonas onde a pesca recreativa atual não é considerada tão promissora, como o rio Rajova, não conseguem ver o progresso da comunidade local em termos de turismo de pesca. Smederevac (2007) afirma ainda que a experiência internacional levou à conclusão de que é necessário criar um novo quadro jurídico, legislação ou mecanismo que ajude a organizar as actividades e a resolver o conflito entre os diferentes utilizadores e entre estes e a "gestão" durante o período de transição em termos políticos e económicos. Esta conclusão aplica-se igualmente ao Montenegro.

A fim de criar uma marca única e apelativa para a pesca recreativa no rio Rajova, Blichfeldt e Nicolaisen (2012), citando a investigação de Pike (2004) e Therkelsen (2007), argumentam que é importante definir a identidade da marca (por vezes referida como personalidade) do destino, ou seja, identificar os valores e atributos fundamentais que melhor representam o destino. Blichfeldt e Nicolaisen (2012) também referem a investigação de Morgan et al. (2002), Konecnik e Go (2008), Aaker e Joachimsthaler, 2000) que a identidade da marca ajuda a estabelecer uma relação entre a marca e o cliente. "Os argumentos apresentados por estes autores parecem basear-se na premissa de Kapferer (1998): "Antes de sabermos como somos percepcionados, precisamos de saber quem somos", o que significa que o destino e não o consumidor deve definir tanto a marca como o conteúdo (Konecnik e Go, 2008). No entanto, quando as pessoas vão de férias, não estão apenas a consumir um produto de um fornecedor, mas um

Conjunto de produtos e serviços como um todo (Morgan et al., 2003; Smith, 1994). Isto significa que muitos fornecedores diferentes estão envolvidos na criação da experiência turística global, por exemplo, empresas de alojamento e restauração, atracções turísticas, instalações de entretenimento e culturais, bem como o ambiente natural (Blichfeldt, 2005; Buhalis, 1999; Morgan et al., 2003). Consequentemente, é necessária uma cooperação horizontal, o que significa que várias agências e empresas públicas/privadas têm de trabalhar em conjunto para definir a identidade da marca (Morgan et al, 2003)" (Blichfeldt e Nicolaisen, 2012). São feitas reivindicações ambiciosas sobre os benefícios da marca de destino (Henderson, 2007), num futuro distante é necessário introduzir a marca de destino no rio Rajova. Como bem concluem Blichfeldt e Nicolaisen (2012), o branding para a pesca recreativa do rio Rajova "no contexto requer, portanto, a coordenação e o controlo do marketing mix do destino e a cooperação entre todas as partes interessadas". Os autores encorajam, portanto, os investigadores a explorar mais esta questão, tendo em conta que a natureza complexa dos destinos pode exigir uma abordagem muito diferente à marca."

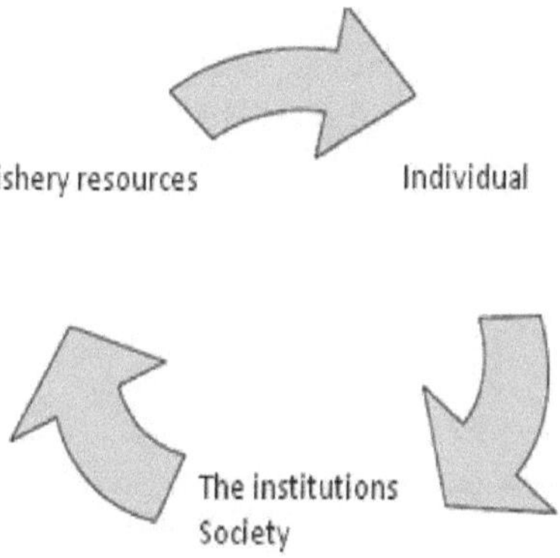

Figura 6: *Os principais factores que influenciam o estado da pesca recreativa* (Smederevac, 2007).

No que diz respeito à pesca no rio Rajova, as perspectivas de desenvolvimento são possíveis principalmente graças às seguintes medidas: melhoria da gestão da água, estabelecimento de um controlo regular das unidades populacionais de truta-marrom, preservação do habitat da truta-marrom no rio Rajova, no rio Tresnjevicka e no rio Cukacka, ajustamento da pressão da pesca
com a capacidade das águas de pesca em conformidade com a utilização sustentável das águas de pesca, a introdução de registos adequados obrigatórios das capturas na pesca desportiva e recreativa e na pesca comercial que impossibilitem o acompanhamento das tendências, a introdução de medidas mais rigorosas para controlar a caça e punir a caça furtiva, a popularização da pesca desportiva e recreativa no contexto da utilização sustentável.

Caraterísticas geo - espaciais do rio Rajova em função da pesca recreativa. O rio Rajova oferece condições de vida ideais para a truta castanha. Durante séculos, muitas pessoas importantes e comuns consideraram que os recursos do rio eram ilimitados. Muito poucas pessoas estavam dispostas ou eram capazes de compreender a ideia de que o rio ilimitado podia, de facto, ser limitado. No entanto, neste novo século, toda a população é obrigada a prestar atenção ao ambiente (Ommer e Paterson, 2014). Em geral, com a crescente industrialização, a importância da pesca comercial está a diminuir e as águas interiores são cada vez mais ou exclusivamente utilizadas pela pesca recreativa (Figura 7).

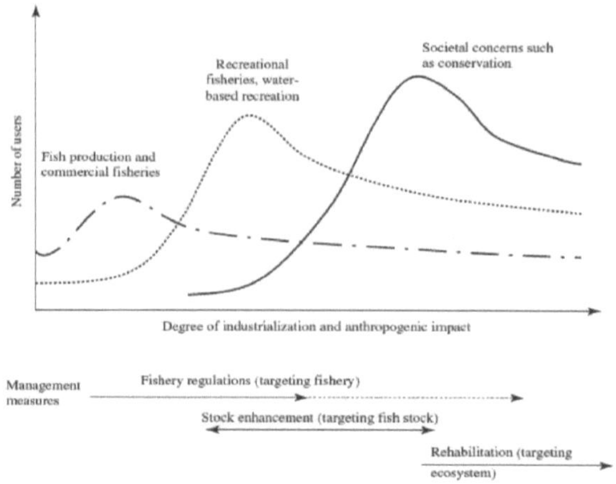

Figura 7: *Representação esquemática do ciclo de vida da pesca interior. O texto dentro da figura indica a utilização ou preocupação predominante das águas interiores* (Cowx e Arlinghaus, 2008).

No entanto, para os pescadores recreativos que se desloquem na direção em que têm oportunidade de se deslocar - para o sopé de Lise, onde nasce o rio Rajova, ou para jusante, para Dubokalj, encontrarão cenas impressionantes que poderiam ser suficientes para uma série televisiva eco - relatórios. A cor do corpo da truta castanha do rio Rajova está relacionada com a residência e com certas variações: a cor do dorso é acastanhada escura - preta, e através das ancas é mais brilhante em vários tons, do amarelo ao dourado, enquanto o ventre é branco-pérola. O corpo está coberto de sardas pretas e vermelhas brilhantes, emolduradas por anéis de cor clara. As trutas que vivem na zona do projeto, no rio Rajova e no rio Tresnjevicka, são de cor mais clara, enquanto as trutas castanhas que vivem no rio Cukacka, com abrigos rochosos, são de cor mais escura. A truta-marrom da área de estudo alimenta-se de larvas de insectos, insectos, camarões ou devora a sua própria prole. Dependendo do peso e da idade da fêmea, o número de ovos varia entre 700 e 3.000, de cor vermelho-alaranjada e com 3,5 a 5 mm de tamanho. O período de incubação das ovas fecundadas à temperatura óptima de + 5 C dura 50 a 80 dias. A truta de ribeira do rio Rajova desova num fundo arenoso-cascalho ou rochoso adequado com uma forte corrente de água. As fêmeas põem os seus ovos a uma profundidade de cerca de 0,5 metros. Depois de terminada a desova, as trutas castanhas migram para jusante, principalmente para o rio Kraštica até Lima. Dado o facto de a alimentação e as ovas dos peixes serem as próprias trutas castanhas, verificou-se que, no final do primeiro ano de vida, restam apenas 25% do número de ovas fecundadas. O crescimento da truta-marisca no rio Rajova está diretamente relacionado com as condições de vida do habitat (qualidade física e química da água, quantidade de alimento...).

A pesca recreativa no rio Rajova pode ser dividida, grosso modo, em: pesca de mão (apenas com as mãos debaixo da pedra) e pesca com mosca. A captura da truta castanha com as mãos debaixo da pedra requer conhecimento e paciência dos pescadores recreativos, porque os peixes acima referidos são muito cautelosos e cobardes. Independentemente das várias interpretações, consideramos que este tipo de pesca recreativa é considerado pesca desportiva, porque o pescador tem de enganar um peixe, apenas com as mãos debaixo da pedra. No rio Rajova aparecem rápidos e remoinhos, que dão aos pescadores com mosca a oportunidade de exprimir a sua imaginação, conhecimentos e criatividade na caça. A truta castanha pode ser caçada durante o dia, o movimento a montante dos pescadores nos baixios Rajova Rio, onde todos os locais prováveis a montante e a jusante procuravam puxar obliquamente. A retirada é efectuada ligeiramente a uma velocidade superior à velocidade do curso de água, para que os impostores tenham o funcionamento adequado e possam orientá-lo na direção certa. A maioria das vezes, no rio Rajova, captura trutas castanhas de 15 a 20 cm de comprimento, embora não sejam raros os exemplares de 25 cm. Muitos tiveram a sorte de ser fotografados com exemplares de 30 a 35 cm, o que é raro e só acontece com os maiores. No rio Rajova, a truta castanha é pescada por prazer e para socializar. A pesca recreativa na área do projeto é permitida a partir do início de março, mas a pesca recreativa bem sucedida só é possível quando grandes quantidades de água e inundações tiverem passado e o rio tiver retomado o seu curso. Dependendo das condições hidro-meteorológicas e da altitude, o degelo começa mais cedo ou mais tarde. Por tudo isto, a truta castanha pode ser caçada com sucesso no rio Rajova a partir de meados de abril. Devido à água fria adicional, a vida nos rios Rajova, Tresnjevicka e Cukacka ainda não está em plena intensidade, sendo de esperar uma maior atividade na parte mais quente do dia.

Os registos da nossa investigação, baseados em estudos semelhantes de Radojevic (1997), sugerem que as trutas castanhas famintas e exaustas que desovam, devido ao fluxo ligeiramente mais forte da água da nascente e à falta de alimento na mesma, não são particularmente móveis e mantêm-se nas partes mais calmas do rio Tresnjevicka, na localidade de "Under Lomova" e no rio Rajova (remoinhos profundos), especialmente no troço entre o aluvião Novovic e o moinho de água Labovic e entre o aluvião Milicevic e a ponte no rio Rajova. A sua posição na água é causada pelo equilíbrio racional de energia, que é uma ação instintiva caraterística de todas as espécies de peixes, mas que é mais pronunciada nos salmonídeos devido às condições em que vivem. No início da primavera, a truta castanha no rio Rajova não deve ser procurada em águas fortes e rápidas, mas sim em águas mais calmas e lentas, em torno de grandes obstáculos e árvores, perto das quais a corrente principal de cenouras e sombra aguarda a sua água para se alimentar. Este comportamento da truta castanha está adaptado à natureza da pesca. Com o início do ano e o aumento da temperatura da água, as trutas castanhas do rio Rajova tornam-se mais móveis e agressivas; ocupam posições nas zonas menos profundas e com uma corrente de água mais rápida. Os exemplares mais pequenos de truta castanha são então Amam o dia inteiro nos rápidos acima das quedas e nos rápidos, enquanto grandes e ainda vivem nas zonas mais profundas e vão à caça ao entardecer ou ao anoitecer ou com tempo nublado, quanto mais altos forem os rápidos ou os topos à volta de obstáculos maiores, rochas ou árvores caídas. A regra é que as maiores trutas castanhas ocupam os melhores locais do rio Rajova e devem ser procuradas em conformidade. No final do verão e no início do outono, quando a temperatura da água começa a descer, a truta-comum alimenta-se mais intensamente. A frequente nebulosidade outonal e as curtas chuvas no município rural de Gnjili Potok criam as condições ideais para a caça às trutas castanhas maiores, que só saem do esconderijo durante o ano quando a fome as obriga a isso.

Arlinghaus e Cooke (2009) citam os resultados de investigações (Franklin, 1998; Muth e Bowe, 1998; Fedler e Ditton, 2001; Cox et al, 2002; Sullivan, 2002; Arlinghaus e Mehner, 2004; Carpenter e Brock, 2004; Arlinghaus, 2006; Arlinghaus, 2005; Arlinghaus et al, 2007) e apresentam a seguir uma lista abreviada dos principais desafios de gestão que as partes interessadas na pesca recreativa enfrentam atualmente. Diminuição da participação: Um problema comum enfrentado pela pesca recreativa em alguns países é o declínio das vendas de licenças (e, presumivelmente, dos números de participação). Estes declínios são o resultado de alterações demográficas e de uma população urbana crescente, em que os estilos de vida e as actividades rurais, como a caça e a pesca, estão a tornar-se menos populares. Dado que muitos dos adeptos da pesca à linha e da caça provêm atualmente de zonas urbanas e não de zonas rurais, há interesse em melhorar as oportunidades de pesca à linha nas cidades para inverter o declínio. Conflitos entre as partes interessadas: A pesca necessita de espaço e interage com organismos selvagens. Por vezes, os pescadores e outros utilizadores recreativos ocupam o mesmo espaço, o que gera conflitos entre os diferentes sectores. No entanto, uma das maiores fontes de conflito no futuro será provavelmente o bem-estar dos animais e o movimento mais fundamental e ideológico dos direitos dos animais. Para estes grupos de interesse, a caça de animais selvagens para fins recreativos é geralmente vista como uma atividade cruel que deve ser travada. Este ponto de vista está em contradição com os valores e o sistema de crenças de muitos pescadores desportivos. Controlo do esforço e das capturas: Existe algum potencial de autorregulação através de interações dinâmicas entre os peixes e os pescadores. Isto significa que alguns pescadores abandonarão uma pescaria quando a abundância de peixes

A pesca recreativa é uma atividade que se desenvolve em torno de um declínio e retoma a pesca quando as populações de peixes recuperam. Há casos em que o controlo da captura, por si só, não é suficiente para manter a pesca recreativa, o que leva a apelos no sentido de restringir o acesso (e, portanto, controlar diretamente o esforço). Foram recentemente propostas lotarias para a atribuição de licenças e a criação de zonas de proteção da água para controlar o esforço de pesca e as capturas. Neste último caso, todas as actividades de pesca são geralmente proibidas, reduzindo efetivamente o esforço (e as capturas) a zero. Prevemos que a gestão dos recursos haliêuticos e da fauna e flora selvagens utilize cada vez mais tanto a regulamentação das capturas como meios de controlo do esforço de pesca, e que uma combinação destas tácticas seja eficaz a nível local, dependendo das condições ambientais e da biologia das espécies-alvo. Cumprimento: O cumprimento dos regulamentos de gestão dos recursos haliêuticos e da fauna e flora selvagens é essencial. Infelizmente, o cumprimento dos regulamentos no sector das pescas nem sempre é perfeito, pelo que as estratégias de gestão são, por vezes, pouco eficazes ou fracassam. A investigação recente centrou-se no estabelecimento de uma tipologia de motivações para a caça furtiva que se aplica tanto à caça como à pesca à linha.

Gupta et al. (2015), referindo-se à investigação de Dahanukar et al. (2011) e Raghavan et al. (2012), salientam que a maioria dos pescadores com quem falaram informalmente afirmou ter testemunhado práticas de pesca destrutivas perto dos seus locais de pesca, tais como a utilização de explosivos como a dinamite, redes de pesca ilegais e eletricidade. Citaram factores como a sobrepesca, a utilização de técnicas de pesca ilegais, a poluição das águas, a falta de apoio administrativo das autoridades e a indisponibilidade de estratégias de gestão das águas doces, a desflorestação dos habitats ribeirinhos... Os resultados da nossa investigação, baseados em investigações semelhantes realizadas por Gupta et al. (2015), indicam que um dos problemas que a pesca recreativa enfrenta no Montenegro é a falta de dados representativos da pesca recreativa que possam servir de base para a gestão. Trata-se de um grande desafio, uma vez que é muito difícil recolher amostras num país em desenvolvimento onde o contacto por telefone, endereço físico ou online varia muito consoante a região e o estado. A norma amplamente utilizada de um inquérito diário por telefone pode ser difícil de realizar nestas condições; por conseguinte, devem ser utilizados métodos de amostragem alternativos, como entrevistas presenciais ou diários de pescadores.

investigadas. As estratégias atualmente em fase de experimentação na Austrália (por exemplo, amostragem a partir de redes sociais sem recurso a métodos em linha) poderiam ser relevantes no Montenegro. Existem muitos outros métodos potenciais utilizados nas ciências da saúde (por exemplo, amostragem aleatória simples, amostragem sistemática, amostragem estratificada ou snowballing) que podem ser aplicados a populações difíceis de amostrar. É também crucial que as agências responsáveis pelo financiamento de tais inquéritos (ou seja, o governo, as organizações de pesca e as comunidades) estejam envolvidas. Esta abordagem tem o potencial de obter uma amostra representativa dos pescadores recreativos montenegrinos.

Os principais factores que põem em perigo as populações de truta castanha do rio Rajova são: a carga de trabalho excessiva da pesca, a degradação do habitat e o repovoamento. O fator mais preocupante é a pressão de pesca excessiva, que inclui não só a pesca legal, mas sobretudo a caça furtiva. A principal razão para esta pressão de pesca extremamente elevada é a aplicação inadequada e pouco profissional dos controlos da pesca e a não aplicação de medidas de proteção na pesca. O segundo fator importante é a ameaça de destruição direta do habitat sob a forma da construção de uma tomada de água para fins agrícolas. O Conservation Strategy Work Group - Eastern Brook Trout Joint Venture (2005), que cita a investigação: Hoover e Morrill (1939), Brasch et al. (1958), Warner e Fenderson (1960), Scott e Crossman (1973), Raleigh (1982), Wontworth (1987), Belford e Gould (1989), Wong et al. (2000), Gibson et al. (2005) apontam para barreiras artificiais que podem impedir a passagem dos peixes, fragmentar as populações de truta-comum e impedir a migração para habitats de desova adequados, refúgios de água fria durante os períodos quentes do verão e habitats de invernada. A aplicação de pesticidas e herbicidas em terra pode resultar em resíduos nas massas de água vizinhas que têm um impacto significativo nas populações de truta-comum, com as consequências mais graves para os juvenis. A remoção de cascalho e de outros materiais do leito dos cursos de água tem também vários efeitos prejudiciais para a truta-comum. Um substrato ótimo para manter uma população diversificada de invertebrados nos cursos de água consiste num mosaico de cascalho, pedras e calhaus, com predominância de pedras. Os troços de cursos de água dominados por pedregulhos e cascalho apresentam as maiores densidades de truta-comum (Laikre e Ryman, 1996). O terceiro fator de risco mais importante para a

Para reconstituir as populações de trutas de ribeira. Esta atividade não foi muito longe e, até agora, apenas se povoou a água de Lima, que sofreu uma grande pressão de pesca. De um modo geral, não existem registos de povoamento na zona do município de Andrijevica, mas sabe-se que o material para povoamento é adquirido por compradores de toda a ex-Jugoslávia, sem sequer ter em conta o povoamento de materiais que são, pelo menos, da mesma bacia hidrográfica, e muito menos o povoamento de material de origem indígena de estrutura genética conhecida (ver Laikre e Ryman, 1996; Maric, 2005). O

Conservation Strategy Work Group - Eastern Brook Trout Joint Venture (2005) refere corretamente os trabalhos de investigação: Waters (1983), Larson e Moore (1985), Goede (1986), Stewart (1991), Hindar et al. (1991), Kruger e May (1991), Allendorf et al. (2001), Bonney (2001), Dunham et al. (2002), Peterson e Fausch (2003), NCWRC (2003), Dunham et al. (2004), Molchanova (2014) concluem que a introdução e a disseminação de espécies de peixes concorrentes têm um impacto significativo nas populações de trutas. A truta-de-rio é extremamente vulnerável aos efeitos da predação e da concorrência de outros peixes, especialmente nos primeiros anos de vida. Os impactos potenciais do povoamento de trutas criadas em maternidade em populações autossustentáveis de truta castanha incluem alterações genéticas devido ao cruzamento ou à alteração da pressão de seleção, deslocação e introdução de doenças.

Quadro 2: Principais pontos fortes, pontos fracos, oportunidades e ameaças em relação às interações entre a pesca recreativa e a conservação da diversidade aquática

Strengths	Weaknesses
High social and economic value of recreational fisheries. Anglers act as guardians of the environment. Expansive network of dedicated persons lobbying or otherwise directly working towards conservation goals. Investment from angling	Potential for lack of understanding of the ecological processes driving fish population dynamics. Potentially naive awareness of the complex issues and problems facing aquatic biodiversity. Occasional misconception that fisheries can only be improved by intensive stocking. Fishes and fisheries often considered of marginal

revenues towards conservation programmers.	importance because the value of the resource is usually ill defined. Recreational fisheries are often given low priority in any consultation process and tend to operate in an isolated environment. Intra-sectoral and inter-sectoral conflict surrounding aquatic ecosystems make it difficult to came t consensus on issues related to conservation.
Opportunities	**Threats**
Willingness of anglers and general public to support environmental and conservation campaigns through environmental education and extension programmers. Lobbying of potentially damaging ecosystem development projects. Reduce burden on fish stocks by shifting exploitation of fish from intensive commercial to recreational fishing in Inland and coastal waters. Adopt ecosystem approach to fisheries management to encapsulate recreational fisheries and conservation goals.	Main external threats to biodiversity are species stocking, introductions, translocations and invasions, impoundment of running water, water quality deterioration, habitat alteration and fragmentation. Local overexploitation of fish stocks. Recreational angling practices affecting the structure and function of fish populations and potentially entire aquatic ecosystems. Recreational fishing implicated with disturbance to wildlife and the environment. Animal welfare concerns that holding of fishes at high densities, coupled with the hooking, playing and handling of the captured fishes, can cause injury and distress.

Fonte: Cowx et al. (2010).

Em sentido lato, a pesca em águas interiores baseia-se na ideia de utilização do "bem público". Partes do rio são entregues à gestão de empresas ou

As comunidades devem pensar que estas caraterísticas devem ser geridas da melhor forma possível e que o rio deve ser deixado para as gerações futuras numa forma inalterada, ou seja, melhorado e não danificado. Todos os utilizadores do rio devem pensar no rio da mesma forma e compreender a importância do rio para a população local e para a comunidade em geral. No entanto, muitos mal-entendidos sobre a utilização do rio resultam de uma falta de "entendimento comum" ou de entendimentos parciais que são frequentemente descoordenados e conduzem ao esgotamento da riqueza do rio (Smederevac, 2007).

Os resultados do inquérito e a sua interpretação. Os pescadores amadores são amantes do desporto que, no fundo, procuram os olhos dos economistas da pesca e da pesca à linha. O seu principal interesse é saber como podem ir mais vezes à água e viver uma experiência inesquecível. Os pescadores desportivos do rio Rajova não vão para a água apenas para pescar, mas também para apreciar a natureza e a sua beleza. Apreciam também as mudanças meteorológicas que ocorrem periodicamente ao longo do ano - o despertar da primavera e o aparecimento de bandos de aves no rio, a desova dos peixes e o voo terrestre dos patos selvagens no final do outono sobre a água enquanto pescam. A alegria dos pescadores recreativos é a aldeia rural de Gnjili Potok, tal como o é a admiração pela beleza das mudanças irreversíveis da natureza, mas também por aqueles que ciclicamente se repetem para lhe dar uma sensação de segurança e proteção. Concordo plenamente com aqueles que acreditam que o pescador recreativo acaba por se determinar a ser pescador, porque a excitação e a alegria que a pesca traz desejos tão frequentemente intensos que experiências (Cakic, 1996).

Neste sentido, a cidade de montanha com o seu clima favorável, como a área observada com as montanhas Trešnjevik e Lisa, pode certamente ser um portador de turismo recreativo no futuro, "porque oferecem muito do que a climatologia moderna exige: maior fluxo de ar devido à alta fragmentação do relevo, como eu conheço os ventos de rosa, e ventilação na colisão de massas de ar, o que tem um efeito benéfico sobre os órgãos cardiovasculares, respiratórios e respiratórios; numerosas fontes de água potável, que pertencem ao primeiro grupo de água de alta qualidade com uma temperatura que permite refrescos personalizados, mas também a experiência do espaço; altitude dos melhores trabalhos sobre o organismo, porque a melhor estância de saúde é a altitude de 600 m a 1500 m acima do nível do mar (Gnjili Potok

a uma altitude de 1196 m acima do nível do mar, Trešnjevik 1573 m acima do nível do mar, Lisa 1878 m acima do nível do mar) sto je pogodno za izletnicki masovni turizam, za lecenje disajnih organa, o que é perfeito para excursões de turismo de massa, para o tratamento de doenças respiratórias (até 1000 m acima do nível do mar) e doenças cardiovasculares, bem como actividades desportivas e recreativas (até 1500 m acima do nível do mar); grandes áreas de floresta, coníferas, como estas duas florestas de folha caduca, como lhe chamamos "fábrica" de oxigénio " (Gligorijevic e Novovic, 2014).

Resultados do inquérito. De acordo com os pescadores recreativos, as razões mais importantes para a pesca recreativa no rio Rajova são: relaxamento, recreação, convívio com os amigos e fuga para a natureza das tarefas diárias e manutenção do oxigénio. De acordo com Radivojevic (2011), está cientificamente provado na medicina moderna que o oxigénio: retarda o processo de envelhecimento das células, melhora a concentração, reduz a fadiga, reforça o sistema imunitário, acelera a fase de reabilitação e a cicatrização

de feridas, ajuda nos problemas respiratórios, melhora o estado mental, aumenta a atividade desportiva em 25%, reduz o stress, ajuda nos problemas circulatórios...
Quando questionados sobre o local onde vão pescar com mais frequência, responderam que vão sozinhos, com amigos ou com familiares. Os pescadores recreativos estão no rio principalmente de junho a outubro. Anualmente na pescaria, passam 20 a 35 dias. Diariamente passam até 4 horas na pesca recreativa, mas como se trata de uma pescaria ativa, os anzóis na água cobrem cerca de 4 a 6 horas,
Na seguinte ordem de importância, obtemos a resposta à questão de saber o que é uma pesca bem sucedida: em primeiro lugar, é desejável a qualidade do peixe, o número de espécimes capturados de capital, depois a quantidade de capturas e o tamanho individual do peixe na captura. Os pescadores recreativos investigados costumam manter as suas capturas, o que é permitido por lei, ou pagam aos seus amigos e/ou outros familiares. Os peixes capturados não são vendidos. De acordo com as respostas dadas relativamente ao investimento nesta atividade, os pescadores recreativos concordam que a pesca recreativa é um desporto para todos, uma vez que o investimento varia em função do seu orçamento pessoal,
O número de caçadores recreativos no rio Rajova é principalmente sazonal e esporádico, sendo pequeno (6) na zona onde pescam. No entanto, existe uma intolerância geral em relação aos pescadores comerciais de outras zonas, pelo que querem ter a possibilidade de pescar numa zona mais vasta. Estão satisfeitos com os dados sobre a pesca disponíveis nos meios de comunicação social. Quando questionados sobre os problemas existentes na pesca desportiva, foram dadas as seguintes respostas: falta de peixe, regulamentação inadequada, controlos deficientes, utilização de artes de pesca ilegais Há guardas contratados pelo utilizador, ou um que tem um concurso de pesca numa determinada zona da floresta. Ele cobrou a licença e esse dinheiro é utilizado para pagar aos guardas que estão armados com ... Os guardas estão armados; não têm o direito de prender, amarrar e usar a força. Os guardas só podem verificar a licença de pesca, não o bilhete de identidade. Ao contrário de muitos outros países, o Montenegro não dispõe de um serviço de guardas florestais responsável por todo o território nacional. Esta organização deveria ter poderes semelhantes aos da polícia e, por conseguinte, não sofreria os problemas dos guardas florestais locais, porque são poucos e mal pagos, e a caça furtiva pode ser evitada em caso de acidente ou se forem apanhados em trabalho.
Perante estes problemas, os pescadores desportivos propõem as seguintes soluções: Reforço dos controlos e prevenção da pesca ilegal, repovoamento como medida de proteção dos recursos haliêuticos, proteção do ambiente num sentido global. O problema da poluição é conhecido, ou não é dada especial atenção aos pescadores desportivos durante o inquérito.
Ao analisar a pesca recreativa no rio Rajova, observam-se alguns dos problemas gerais do sector da pesca no Montenegro. Em particular, há uma tendência visível de declínio da pesca recreativa, como a que tem fins exclusivamente recreativos, e que tem mais do que apenas importância recreativa e económica. Os pescadores recreativos da zona analisada são homens, de meia-idade, que vivem com as suas famílias e trabalham na agricultura. O seu nível de escolaridade corresponde ao do ensino secundário. São maioritariamente residentes na zona ao longo do rio Rajova, não sendo necessário percorrer mais de 2 a 4 km para a pesca recreativa. Possuem o seu próprio equipamento. Praticam a pesca como relaxamento, recreação e entretenimento. As capturas são utilizadas para a alimentação própria e da família. Os pescadores desportivos preferem pescar

A truta do rio e a qualidade como um sucesso, embora uma quantidade significativa de peixes e a captura. o têm intenções demasiado ambiciosas de investir. De acordo com a posição da pesca recreativa, o problema da pesca recreativa está principalmente relacionado com: A caça furtiva, o mau controlo, a utilização de artes de pesca ilegais.... No período após a Segunda Guerra Mundial, havia uma administração organizada de partes do rio. Na antiga Jugoslávia, em particular, existia um modelo autónomo de economia de mercado socialista que era institucional e regulamentarmente comparável às economias de mercado da Europa Ocidental, mesmo em alguns segmentos que não estavam muito abaixo do nível europeu. Na fase de transição em que nos encontramos atualmente, toda a atividade está desorganizada e observa-se um claro desvanecimento destes sectores económicos. A pesca é um sector marginalizado da economia e uma indústria sem impacto significativo no bem-estar social geral. Com a transição para uma economia de mercado, a situação começou a mudar a favor do mercado cinzento. Há poucas empresas privadas no Montenegro interessadas em investimentos de capital mais elevados no sector das pescas e o Estado não tem interesse em organizar e regulamentar a gestão legal dos recursos, pelo que os indivíduos podem continuar a trabalhar na "zona cinzenta" e comprar a paz social. O Montenegro encontra-se atualmente numa encruzilhada entre o oeste, onde a pesca recreativa está muito desenvolvida, e o leste, onde a pesca comercial ainda está presente (Smederevac, 2007).

Segundo Cakic (1996), tudo o que acontece é o resultado de um conjunto de factores e tem várias causas. Em particular, as causas objectivas do que foi dito acima são, em primeiro lugar, o autor - um declínio lento, mas confiante e imparável, da qualidade das águas de pesca pode atingir peixes menores e sustentavelmente maiores (o autor deste texto recorda frequentemente como, há apenas vinte e cinco anos, juntamente com o seu pai Dragoje, sabia que capturava diariamente entre 15 e 25 exemplares de truta castanha nos rios Rajova ou entre 6 e 8 exemplares no rio Tresnjevicka. Nessa altura, a truta castanha era abundante). Era a época de ouro, pelo que as massas vêm ocasionalmente pescar a praga e os pescadores em idade ativa estão cada vez mais sobrecarregados com obrigações profissionais e ocupacionais, têm de lutar pela sobrevivência diária, pela existência, o que significa menos tempo para este tipo de desporto e entretenimento, prazer, diversão e emoção. Cakic (1996) afirma ainda que no

As causas subjectivas são, em primeiro lugar, a falta de qualificações específicas dos pescadores, ou seja, a falta da formação necessária, com a qual a pesca está indissociavelmente ligada a um conservadorismo persistente. A seleção natural e artificial das massas de água, as alterações das condições de vida em áreas mais vastas e em determinados habitats exigem adaptações nas populações de peixes. E o que é que acontece aos pescadores? Muitos deles, psicologicamente, emocionalmente, métodos aplicados na pesca, numa palavra, toda a sua atitude e conservadorismo dificilmente atingem o conhecimento e a prática de pelo menos 15 a 20 anos, e alguns ainda não estão a este nível.

Capítulo 6 Discussões

A nível mundial, o número de pescadores recreativos é significativo e está a aumentar em muitos países. Esta tendência pode ter um impacto negativo nas unidades populacionais de peixes através da exploração ou de medidas de gestão como o povoamento e a introdução de peixes não nativos. No entanto, os pescadores recreativos podem dar um contributo importante para o êxito da conservação das unidades populacionais de peixes, participando ativamente ou iniciando projectos de conservação destinados a reduzir os factores de pressão diretos e externos que contribuem para o declínio das unidades populacionais de peixes. Compreender as preocupações dos pescadores relativamente ao acesso sustentável aos recursos e desenvolver métodos para a sua participação significativa pode ter um impacto positivo nos esforços de conservação (Granek et al., 2008). Examinámos estudos de caso que demonstram a participação bem sucedida dos pescadores recreativos nos esforços de conservação e gestão, utilizando o rio Rajova como exemplo. "Desenvolvemos um quadro concetual para o envolvimento dos pescadores recreativos que visa tipos específicos de envolvimento com base no nível de responsabilidade das partes interessadas, a dimensão da pescaria e a fonte de impacto. Estas actividades podem ser melhoradas através da incorporação de conhecimentos e tradições locais, alavancando a liderança e as redes regionais, e a colaboração entre múltiplos intervenientes, cientistas e agências para maximizar a probabilidade de envolvimento dos pescadores recreativos e o sucesso do projeto" (Granek et al., 2008).

As opções regulamentares tradicionais (instituições formais) impostas pelos organismos governamentais, como as restrições em matéria de capturas e de artes de pesca, constituem a norma na gestão da pesca recreativa, pelo menos nos países industrializados. No entanto, existem várias alternativas, como os programas de educação dos pescadores, que tentam provocar mudanças voluntárias no comportamento dos pescadores, levando ao aparecimento de instituições informais voluntariamente motivadas para a conservação dos recursos. Estas abordagens "mais suaves" da conservação da água e da gestão das pescas podem ser desenvolvidas em colaboração com as partes interessadas e, em muitos casos, são lideradas por pescadores entusiastas e grupos de pescadores. As medidas educativas que fornecem aos pescadores conhecimentos sobre as melhores práticas e lhes permitem alterar o seu comportamento são muito promissoras para atingir os objectivos formais de gestão, mas parecem ser subutilizadas em comparação com a regulamentação formal. As instituições informais que protegem os recursos e contribuem para a recuperação das unidades populacionais sobreexploradas são promissoras tanto nos países desenvolvidos como nos países em desenvolvimento, especialmente quando existe um único grupo de interessados ou quando a capacidade de aplicar a regulamentação tradicional ou de investir na avaliação das unidades populacionais é limitada. As instituições informais podem ajudar a tornar as instituições formais mais eficazes, ou podem mesmo ser uma alternativa às instituições dispendiosas que dependem da aplicação da lei para serem eficazes (Cooke et al., 2013).

A pesca recreativa na idade adulta e na velhice pode dar um contributo importante para a prevenção das doenças da "civilização moderna". A nossa civilização proporcionou-nos trabalho físico, mas, por isso, fomos abatidos pelas doenças cardiovasculares. Um aumento das chamadas doenças do bem-estar: Diabetes, hipertensão, cancro, doenças respiratórias resultantes do tabagismo, alcoolismo, doenças mentais, entre muitas outras. Por conseguinte, o tempo livre e as férias são uma oportunidade para "recarregar" o corpo, ou seja, para renovar a força física e mental. Por isso, uma grande percentagem de turistas de quase todos os países passa as suas férias nos rios, incluindo a pesca recreativa. No fundo destas actividades recreativas está uma combinação de factores naturais, principalmente, ar e água purificados, que têm um efeito positivo no corpo e na preservação da saúde (Gligorijevic e Novovic, 2014).

Os resultados da nossa investigação, sob a forma de considerações finais, apontam para o seguinte. As primeiras fontes históricas sobre o rio Rajova, encontramo-las por volta do ano de 1744. O homem ao longo da história do rio Rajova, de várias formas, vai pescando. O excesso de mercúrio apanhado pelos peixes que não podia utilizar naquele momento, guardava-os em vários tanques, de origem artificial ou natural, como reserva para o período de inverno. Com o tempo, a truta castanha do rio Rajova começou a multiplicar-se, pelo que o homem começou a ganhar experiência e conhecimentos valiosos que lhe permitiram tornar-se pescador a partir do criador. O rio Rajova é alimentado por numerosas nascentes e riachos ao longo de todo o seu comprimento. À direita: rio Tresnjevicka, Brestov Do, Vranjak, Vrelo, Laz, ribeiro Zunjacki, Jagodnjak, Ravni Lom, Jelar, ribeiro Ornice e ribeiro Lanište. À esquerda: Parlog, Lascic, ribeiro Radmilicki, ribeiro Bakin, ribeiro Gnjili e ribeiro Suvi. A truta castanha habita os rios Rajova, Tresnjevicka e Cukacka.

O rio Rajova oferece pesca recreativa a seis pescadores recreativos que se dedicam à captura manual da truta castanha (apenas com as mãos debaixo da pedra) e à pesca com mosca. A truta castanha mais comum é capturada com um comprimento de 15 a 20 cm, embora não sejam raros os exemplares de 25 cm. No início da primavera, a truta castanha do rio Rajova não deve ser procurada em águas fortes e rápidas, mas sim em águas calmas e mais lentas. Com o início do verão e o aumento da temperatura da água, a truta castanha torna-se mais móvel e agressiva e ocupa posições em zonas menos profundas e com correntes de água mais rápidas.

Os principais factores que ameaçam a população de truta castanha do rio Rajova são: a carga excessiva de trabalho de pesca à linha, a degradação do habitat e o repovoamento. Tudo o que está a acontecer é o resultado de várias causas. Por um lado, as causas objectivas conduzem a uma deterioração imparável da qualidade das águas de pesca do Rajova, que são cada vez menos capazes de satisfazer e sustentar o maior número de peixes. Por outro lado, os pescadores lúdicos em idade ativa estão cada vez mais sobrecarregados com compromissos profissionais e laborais, pelo que têm de lutar pela sua sobrevivência diária, pela sua existência, para a qual há menos tempo para este desporto. As causas subjectivas podem ser vistas na falta de formação necessária para a pesca à linha.

De acordo com os pescadores desportivos, as razões mais importantes para a pesca desportiva no rio Rajova são: relaxamento, recreação, convívio com amigos e fuga à natureza das tarefas diárias. Prazer recreativo analisado

Os pescadores geralmente capturam o que é permitido por lei ou doam as suas capturas a amigos e/ou outros familiares. O peixe capturado não é vendido. Não têm intenções demasiado ambiciosas de investir em artes de pesca ou de se tornarem criadores de trutas castanhas. De acordo com a posição dos pescadores recreativos, o problema da pesca recreativa está principalmente relacionado com: A caça furtiva, o mau controlo, a utilização de artes de pesca ilegais....

De acordo com Ditton et al. (2002), as perspectivas acima referidas levantam várias questões sobre a pesca recreativa. Infelizmente, existem poucas ou nenhumas respostas na literatura sobre a dimensão humana da pesca. No futuro, estas questões devem ser respondidas através de investigação e/ou de debates facilitados: 1) Quais são os principais

recursos sociais, geográficos e naturais que determinam os actuais níveis de pesca de não residentes? Em particular, porque é que alguns Estados atraem pescadores não residentes? O que é que os gestores das pescas podem fazer, se é que podem, para manter os pescadores residentes e talvez atrair pescadores não residentes? 2) Há casos em que o aumento do número de dias de pesca para os pescadores não residentes tenha agravado a sobrepesca ou a perceção da sobrepesca pelos pescadores residentes? 3) Os Estados que prevêem um forte crescimento demográfico no futuro poderão servir tanto os pescadores residentes como os não residentes ou será necessário limitar o número de licenças para os não residentes? 4) As preocupações com o desenvolvimento económico prevalecem sempre sobre as preocupações com os recursos, ou o número de pescadores não residentes e os seus dias de pesca podem ser regulados de alguma forma se se tornarem um problema? 5) A pesca praticada por pescadores não residentes tem provocado impactos sociais nas comunidades que anulam os impactos económicos gerados? 6) Em que medida os valores dos pescadores residentes e não residentes entram em conflito no que respeita à regulamentação da captura e libertação, à utilização de isco vivo, aos limites de captura e a outras questões relacionadas com a pesca? 7) A legislação é mais prejudicial do que benéfica ao aumentar rapidamente o custo das licenças de pesca para os não residentes? 8) Os acordos de reciprocidade entre Estados vizinhos, que permitem aos pescadores de um Estado pescar no outro com uma licença de residente, beneficiam cada Estado? 9) A dada altura, as agências estatais de gestão das pescas terão de considerar todos os aspectos acima referidos e estabelecer um número ótimo de não residentes que podem adquirir uma licença e limitar as licenças de não residentes a um determinado número de dias? 10) E, por último, o que é que pode ser
O que é que as autoridades e o sector privado estão a fazer para garantir que os benefícios da pesca não residente compensem os custos para os pescadores residentes e os recursos haliêuticos?

O rio Rajova oferece condições favoráveis para a criação de trutas castanhas. No entanto, de acordo com a Estratégia para o Desenvolvimento das Pescas no Montenegro (2006), existem os seguintes problemas específicos na criação de trutas: Os progenitores são muito velhos (50 anos); existe uma elevada probabilidade de acasalamento de indivíduos estreitamente relacionados, o que resulta em descendentes geneticamente pobres; a introdução de novo material genético é crucial, uma vez que os métodos actuais são extremamente ineficientes (atualmente, 21 tanques de trutas no Montenegro utilizam água dos rios para a reprodução, enquanto no Lago Pivskom existe um sistema de produção de trutas em gaiolas), com um crescimento lento (são necessários 18 meses, em comparação com os 12 possíveis); Os sistemas de alimentação inadequados resultam geralmente numa baixa produção; As nozes desovam em novembro/dezembro, pelo que a introdução da produção de reprodutores que desovam na primavera permitiria a eclosão dos ovos em fevereiro, aumentando significativamente o período em que os alevins podem ser disponibilizados; a perda de abastecimento de água a alguns tanques é muito forte; necessidade de novas variantes de material de origem para reduzir a dependência de uma única fonte, porque o sector da truta está em forte concorrência com os fornecimentos da

Bósnia e Herzegovina, mas há indicações de que parte do fornecimento provém de importações de baixa qualidade; utilização de equipamento obsoleto nos tanques, o sistema HACCP ainda não é aplicado; política de crédito atualmente desfavorável; utilização de malaquite, que é proibida pela legislação da UE, embora exista alguma possibilidade de vendas adicionais nos Balcãs; as oportunidades de exportação são limitadas, a menos que se melhore a produtividade e se aumente assim a competitividade da oferta montenegrina; a concorrência no mercado da UE é feroz; o preço médio da truta proveniente dos países mediterrânicos é de 2.62 €/kg, enquanto os custos de produção são da ordem dos 1,47 €/kg, crnogorska pastrmka se na domacem trzistu prodaje za 3,5 €/kg; especificidades em termos de melhorias técnicas e de produção e utilização de alimentos mais baratos mas de elevada qualidade.

Capítulo 7 Conclusão

Pela sua localização geográfica, valores turísticos naturais e antropogénicos, o rio Rajova é uma área adequada para a definição e implementação de objectivos de desenvolvimento e pesca recreativa. A condição prévia para o desenvolvimento da pesca recreativa é a coordenação dos objectivos de desenvolvimento e das acções futuras de um grande número de entidades envolvidas na sua implementação. Para a pesca recreativa no rio Rajova, é importante envolver as comunidades locais e realçar o valor da pesca baseada em recursos naturais e culturais preservados. A prática tem demonstrado que as comunidades que atingiram um nível mais elevado de desenvolvimento socioeconómico e cultural estão mais dispostas a desenvolver a pesca recreativa nos moldes de espaços geográficos semelhantes na Europa Ocidental. Valores ambientais e beleza da paisagem O rio Rajova enriquece a rica biodiversidade caracterizada por complexos de florestas de caducifólias e coníferas. A diversidade das florestas de vegetação florestal permite o desenvolvimento do turismo desportivo e recreativo. O clima moderado e suave, com uma abundância de flora e fauna diversificadas no sopé de Komova, complementa os valores naturais existentes. Por conseguinte, pode concluir-se que o branding do destino Rio Rajova para a pesca recreativa é um processo através do qual os destinos tentam exprimir a sua identidade única e posicionar-se bem em relação aos concorrentes.

Referências:

1 . FAO (2012), Pesca Recreativa, Alimentação e Agricultura das Nações Unidas, Roma.

2 . OECDE (2016), Pesca Recreativa, Disponível em: http//: www.oecd.org (15.01 2017).

3 . Winfield, I. J., (2016), Recreational fisheries in the UK: natural capital, ecosystem services, threats, and management. *Fisheries Science*, 82 (2), 203 - 212.

4 . Winfield, I.J., (2010), Meeting across the river: from science to impact, *Aquat Conserv Marine Freshw Ecosyst,* 20, 607 - 610.

5 . Winfield, I.J., (2014), Biological conservation of aquatic inland habitats: these are better days, *J. Limnol*, 73, 120 - 131.

6 . Arlinghaus, R., (2006), Overcoming human obstacles to conservation of recreational fishery resources, with emphasis on central Europe, *Env Cons*. 33, 46 - 59.

7 . Cowx, I.G., Arlinghaus, R., Cooke, S.J.,(2010), Harmonising recreational fisheries and conservation objectives for aquatic biodiversity in in inland waters, *J Fish Biol.*, 76, 2194 - 2215.

8 . Post, J., Persson, L., Parkinson, E., van Kooten, T.,(2008), Angler numbers in landscapes and the collapse of freshwater fisheries, *Ecol Appl.* 18, 1038 - 1049.

9 . de Kerckhove, D. T., Minns, C. K., Chu, C., (2015), Estimating fish exploitation and aquatic habitat loss across diffuse inland recreational fisheries, *PloS one*, *10*(4), e0121895.

10 Kassay, A. T., (2017), Estimating the Recreational Values of Addis Ababa Parks

Using the Travel Cost Method: The Case of Hamle 19 and Future Parks, *World Scientific News*, 62, 124 - 135.

11 Clawson, M., (1959), Methods of Measuring the Demand for and the Value of Outdoor Recreation. Washington, D.C.: Resources for the Future.

12 . Clawson M., Knestsch J.L.,(1966), Economics of Outdoor Recreation. Baltimore, Johns Hopkins Press.

13 . Torkildsen, G., (2005), Business & Economics, editora: Routledge.

14 Rajovic,G.,(2009), Rural settlement Gnjili Potok as a reflection of the socio - economic conditions, *Istraživanje i razvoj*, 15 (32 - 33), 75 - 77.

15 Rajovic,G., Rajovic,D.,(2010), Natural and socio-economic characteristics of rural settlements Gnjili Potok, Agency PC system, Belgrade.

16 Rajovic,G., Bulatovic,J.,(2012), Tourist potential using the example of the rural settlement Gnjili Potok (Montenegro), *Anuario Turismo y Sociedad,* 13, 171 - 184.

17 Rajovic,G., Bulatovic,J.,(2013), Some Economic - Geographical Factors

Desenvolvimento: o caso das comunidades locais Kralje, *Journal for Studies in Local Communities*

Ciências Sociais, 2 (2), 105 - 133.

18 Rajovic,G., Bulatovic,J.,(2013), Geographic Favour of Analyzing Rural Space: The Case Rural Local Communities Kralje, *Journal of Sustainable Development Studies,* 3 (2), 136 - 167.

19 Rajovic, G., Bulatovic, J., (2014), Pontos de partida geográficos a análise dos actuais problemas rurais em Montenegro: Um estudo de caso do assentamento rural de Gnjili Potok, *International Letters of Social and Humanistic Sciences,* 9, 81 - 99.

20 Rajovic, G., Bulatovic, J., (2014), Pontos de partida geográficos para a análise dos actuais problemas rurais no Montenegro: estudo de caso da comunidade local rural de Kralje, *Journal of Social Economics Research,* 1 (3), 20 - 39.

21 Rajovic,G., Bulatovic,J., (2014), Rural village Gnjili Potok - road sign towards happiness and freedom (Some geographical aspects of sustainable development), *International Letters of Natural Sciences*, 14, 59 - 68.

22 Rajovic,G., Bulatovic,J.,(2015), Historical-Geographical View of Rural Village Gnjili Potok - Which Road to Renewal and Development, *International Letters of Social and Humanistic Sciences*, 1 (1), 41 - 54.

23 Rajovic,G., Bulatovic,J.,(2016), Quality of life in rural villages of Montenegro - Gnjili Potok and Vranjestica: Case study, *Scientific Electronic Archives,* 9 (2), 23 - 35.

24 Morar,C., Pop,C.A.,(2016), Água, Turismo e Desporto. Uma Abordagem Conceptual, *GeoJournal of Tourism and Geosites*, 2 (18), 249 - 258.

25 Eagles, F.J.P., McCool, F. S., Haynes, C., D.,(2002), Sustainable Tourism in Protected Areas: Guidelines for Planning and Management, Programa das Nações Unidas para o Ambiente, Organização Mundial do Turismo, União Internacional para a Conservação da Natureza e dos Recursos Naturais, Comissão Mundial das Áreas Protegidas (WCPA) Best Practice Protected Area Guidelines Series No. 8.

26 Ilieş, D., Camelia, B. R., Ilieş, Al., Morar, C. Herman, G. V., (2015), Nymphaea Lotus var. Thermalis (Reserva Natural de Paraul Petea), Marke Near Extinction of the Baile Felix - Baile 1 Mai (Roménia) Spa Tourism System, In *GeoJournal of Tourism and Geosites*, 1 (15), Editura Universitatii din Oradea .

27.Johannes, R. E., Freeman, M. M. R. Hamilton, R. J., (2000), Ignore o conhecimento dos pescadores e perca o barco, *Fish and Fisheries*, 1, 257 - 271.

28. Löffler, H., (2001), The recreational fishing in Lake Constance (Bodensee), Catch Effort Sampling Strategies their application in freshwater fisheries management, Fishing News Books.

29. Holland, S. M., Ditton, R. B. Graefe, A. R., (2000), A response to ecotourism on trial - the case of billfish angling as ecotourism, *Journal of Sustainable Tourism*, 8 (4) , 346 - 351.

30. Zuk, D., Brankovic, S., (2015), Sport / Recreational Fishing in the Republic of Serbia in 2007 and 2008, IV International Conference "Fishing" - Conference proceedings, pp. 329 - 336.

31. Holt - Jensen, A., (1988), Geography, History and Concepts, Chapman, Londres,.

32. Wooldridge, S.W. East,W.G.,(1996), The Spirit and Purpose of Geography, Third Edition, Hutchinson University Library, London.

33. Haggett, P., (1990), The Geographer s Art", Blackwell, Oxford.

34. Appelblad, H., (2001), The spawning salmon as a recreational resource: the case of wild Baltic salmon and angling conditions in northern Swedish rivers.

35. Williams, S., (1988), Geography of Tourism, Roudedge, Londres.

36. Ferrara, G.,(2016), Tourism and Geocities: Geographical Implications, *GeoSport for Society*, 4 (1), 33 - 37.

37. Chalip, L., Green, B. C., Hill, B., (2003), Research and Reviews, *Journal of Sport Management*, 17, 214 -234.

38. Baloglu, S., McCleary, K., (1999), A Model of Destination Image Formation, *Annals of Tourism Research*, 26 (4), 868 - 897.

39. Waitt, G., (2003), Social impacts of the Sydney Olympics, *Annals of Tourism*

Research, 30 (1), 194 - 215.

40. Zukin, S., (1995), The Cultures of Cities. Cambridge, MA: Blackwell.

41. Pearce, P.L., (1982), Perceived changes in holiday destinations, *Annals of Tourism Research*, 9 (2), 145 - 164.

42. Korstanje M.E., (2012), The Darker Side of Travel: The Theory and Practice of Dark Tourism, *International Journal of Contemporary Hospitality Management*, 24 (1), 455.

43. Gartner, W., (1989), Tourism image: attribute measurement of state tourism products using multidimensional scaling techniques, *Journal of Travel Research*, 28 (2), 16 - 20.

44. Ritchie, J. R. B., Smith, B., (1991), The impact of a mega event on host region awareness: a longitudinal study, *Journal of Travel Research*, 23 (2), 2 - 11.

45. Litvin S.W., Fetter E., (2006), Can a festival be too successful? A review of Spoleto, USA, *Intermale Journal of Contemporary Hospitality Management*, 18 (1).

46. Gartner, W., Hunt, J.D., (1987), An analysis of state image change over a 12 year period (1971 - 1983), *Journal of Travel Research*, 26 (2), 15 - 19.

47. Littlejohn D., Watson S., (2004), Developing graduate managers for hospitality and tourism, *Intermale Journal of Contemporary Hospitality Management*, 16 (7).

48. Goodrich, J.N., (1978), A new approach to image analysis through multidimensional scaling, *Journal of Travel Research*, 16, 3 - 7.

49. Sinclair D., (2005), Sports education - a priority for Caribbean sports tourism, *Intermale Journal of Contemporary Hospitality Management*, 17 (6).

50 Roche, M., (1994), Mega-events and urban policy, *Annals of Tourism Research*, 21, 1 - 19.

51 . Richardson S., (2012), Sports Event Management: The Caribbean Experience, *Intermale Journal of Contemporary Hospitality Management,* 24 (2).

52 Paddison, R., (1993), City marketing. image reconstruction and urban regeneration, *Urban Studies*, 30 (2) 339 - 350.

53 Roche, M.,(2000), Mega - events and Modernity: Olympics and Exposin the Growth of Global Culture, Londres: Routledge.

54 Richardson, S. L., Crompton, J. L., (1988), Cultural variations in perceptions of vacation attributes, *Tourism Management*, 9 (junho), 128 - 136.

55 . Bramwell, B., Rawding, L.,(1996),Tourism Marketing Images of Industrial Cities, *Annals of Tourism Research*, 23 (1), 201 - 221.

56 Chon, K.S.,(1990), The role of destination image in tourism: a review and discussion, *The Tourist Review*, 42 (2), 2 - 9.

57 Zhang H.Q., York Qi Yan, Yiping Li,(2009), Understanding the mechanism behind the zero-commission Chinese outbound package tours: Evidence from case studies, *Intermale Journal of Contemporary Hospitality Management*, 21 (6).

58 . Tapachai, N., Waryszak, R.,(2000), An examination of the role of beneficial image in tourist destination selection, *Journal of Travel Research*, 39 (1), 37 - 44.

59 Shafiei, Z., Farsani, T.N., Abdollahpour, M.,(2017), The Benefit of Geo - Branding in a Rural Geotourism Destination: Isfahan, Iran, *GeoJournal of Tourism and Geosites*,1 (19), 96 - 103.

60. Cai, L., A., (2002), Cooperative branding for rural destinations, in Annals of Tourism Research, 3 (29), 720 - 742.

61. Aaker, J., L., (1997), Dimensions of brand personality, in *Journal of Marketing Research*, pp. 347 - 356.

62.Keller, K., L., Heckler, S., E., Houston, M., J., (1998), The effects of brand name suggestiveness on advertising recall, in *The Journal of Marketing*, pp. 48 - 57.

63.Pham, M., T., Muthukrishnan, A., V., (2002), Search and alignment in judgement revision: Implications for brand positioning, *Journal of Marketing Research*,.1 (39), 18 - 30.

64.Embacher, H., (2013), Branding and quality in rural tourism - the key to success, Congresso Nacional de Turismo Rural, Ávila, Espanha, 6 de junho de 2013.

65. Draskovic, J. D., (1996), The Hemingway System, Nylon,, *Ribo revija*, 31, 6.

66.Associação de Caça e Associação de Clubes de Pesca Desportiva do Montenegro "Caça e Pesca" (1996), Titograd: Associação de Caça e Associação de Clubes de Pesca Desportiva do Montenegro, 1958-1963 (Cetinje: Obod).

67.Zlaticanin, V. Z., (2003), Fisheries and Water Montenegro, Andrijevica: Komovi, (Požega: Žiravac).

68. Dakic,A., (2002), "The secrets of fishing - a collection of texts on fishing", Vrsac.

69.Maric, D., Milosevic, D., (2009), Catálogo de peixes de água doce de Montenegro", CANU - Departamento de Ciências Naturais.

70.Maric, D., Talevski, T.,(2009), Comparative analyses of ichthyofauna from rivers Cehotina, Lim and Zeta (Montenegro) and river Crna (R. Macedonia), Abstract Book, COMBAFF - I Conference on Conservation & Mangment of Balkan freshwater Fishes. Ohrid-Macedónia, maio, 20 - 24, pp, 11.

71.Gaudet, J. - L., (1977), Economic issues and opportunities facing Europe in the field of sport fisheries. Economic evaluation of sport and commercial fisheries Report and technical papers of Second European Consultation (Sweden)", Roma, EIFAC Technical Paper No. 26, Document Technique de la CECPI N 26, pp. 29 - 46.

72. Norling, I., (1977), Sport fishing in Sweden - a summary of general statistics, socio-economic studies and some selected problems. Economic evaluation of sport and commercial fisheries Report and technical papers of Second European Consultation (Sweden), Roma, EIFAC Technical Paper No. 26, Document Technique de la CECPI N 26, pp. 73 - 83.

73. Tuomi, A. L. W., (1977), Fisheries management goals, problems and options, Economic evaluation of sport and commercial fisheries. Relatório e documentos técnicos da Segunda Consulta Europeia (Suécia), Roma. Documento técnico do CECPI N 26, Documento técnico do CECPI N 26, pp. 115 - 129.

74. Gerdeaux, D., (1991), Study of the daily catch statistics for the professional and recreational fisheries on lakes Geneva and Annecy, Catch Effort Sampling Strategies their application in freshwater fisheries management, *Fishing News Books*, 118 - 126.

75. Marta - Rodrigues, P., Bochechas, J., (2002), Um indicador numérico como instrumento de decisão na gestão da pesca comercial", EIFAC / XXII / 2002/ Symp, p 21.

76. EIFAC (2010), Methodologies for Acessing Socio-Economic Benefits of European Inland Recreational Fisheries, Organização das Nações Unidas para a Alimentação e a Agricultura, 46.

77. Flåten, O., (2011), Fisheries Economics and Management, Tromsø: Universidade de Tromsø.

78. Phan, L. T.,(2010), Tourist Motivation and Activities - A Case Study of Nha Trang, Vietnam, Universidade de Tromsø.

79. Cooke, S. J., Cowx, I. G., (2004), The role of recreational fishing in global fish crises, *BioScience, 54* (99), 857 - 859.

80. Cooke, S. J., Cowx, I. G., (2006), Contrasting recreational and commercial fishing: searching for common issues to promote unified conservation of fisheries resources and aquatic environments, *Biological conservation*, 128 (1), 93 - 108.

81. Gupta, N., Sivakumar, K., Mathur, V. B., Chadwick, M. A., (2014), The 'tiger of Indian rivers': stakeholders' perspectives on the golden mahseer as a flagship fish species, *Area, 46* (4), 389 - 397.

82. Gupta, N., Sivakumar, K., Mathur, V. B., Chadwick, M. A., (2015), Terrestrial protected areas and managed reaches conserve threatened freshwater fish in Uttarakhand India", *PARKS*, 21 (1), 89 -101.

83. Ditton, R. B., Holland, S. M., Anderson, D. K., (2002), Recreational Fishing as Tourism. *Fisheries*, 27 (3), 17-24.

84. Laarman, J. G., Durst, B. P., (1993), Nature tourism as a tool for economic development and conservation of natural resources, Pages 1 - 19 in J. Nenon and P. B. Durst, ed. Nature tourism in Asia: opportunities and constraints for conservation and economic development. Serviço Florestal dos EUA, Washington, D.C.

85. Honey, M., (1999), Ecotourism and sustainable development: who owns paradise, Island Press, Washington, D.

86. Ceballos - Lascurain, H., (1996), Tourism, ecotourism and protected areas: the state of nature- based tourism around the world and guidelines for its development. IUCN, Gland, Suíça e Cambridge, Reino Unido.

87. Goodwin, H., (1996), In pursuit of ecotourism, *Biodiversity and Conservation*, 5(3), 277 - 29.

88. Fennell, D. A., (2000), Comment: ecotourism on trial - the case of billfish angling as ecotourism, *Journal of Sustainable Tourism*, 8(4), 341 - 345.

89. Holland, S. M., Ditton, B. R., Graefe, R.A., (1998), An ecotourism perspective on billfish fisheries, *Journal of Sustainable Tourism*, 6(2), 1 - 20.

90. Holland, S. M., Ditton, B, R., Graefe, R.A., (2000), A response to 'ecotourism on trial- the case of billfish angling as ecotourism', *Journal of Sustainable Tourism*, 8(4), 346 - 35.

91. Gowan, C., Young, M. K., Fausch, K. D., Riley, S.C., (1994), Restricted movement in resident stream salmonids: a paradigm lost?, *Canadian Journal of Fisheries and Aquatic Sciences,* 51, 2626 - 2637.

92. Funk, J. L., (1957), Movement of stream fishes in Missouri, *Transactions of the American Fisheries Society*, 85, 39 - 57.

93. Goldwasser, L., Cook, J., Silverman, E. D., (1994), The effects of variability on metapopulation dynamics and rates of invasion, *Ecology*, 75, 40 - 47.

94. Adams, S. B., (1999), Mechanisms for limiting a vertebrate invasion: brook trout in mountain streams of the northwestern United States of America!

95. Rajovic,V., (1995), Gnjili Potok e Tresnjevik, Andrijevica: Stupovi - Vasojevici.

96. Rio Rajovica (Rajova) - Montenegro (2016), Imagem de satélite, Disponível em: htpp//me.geoview.info (24.06 2016).

97. Rio Rajovica (Rajova) - Montenegro (2016), Satélite a imagem, Disponível em: htpp//www. me.geoview.info (24.06 2016).

98. Andric, I., (2005), Signposts by the wayside, Belgrado: Politics - National Books, 2005.

99. Findrik, R., (1983), Introduction y study of old water-mills, Disponível em: htpp//www.heritage.gov.rs (24. 06 2016).

100. Smederevac, M. M., (2007), "Socio-economic character and importance of

fisheries in the Upper Danube region in Serbia (MA thesis)", Universidade de Belgrado.

101. Rajovic, G., Bulatovic,J., (2008), State environmental awareness in Vrbas, *Ecologica*, 15 (51), 45 - 52.

102. Bulatovic, J., Rajovic, G., (2011), Public participation in the conception of active protection of the environment on case of Banjicke forest, *Zastita prirode*, 61 (2), 111 - 128.

103. Bulatovic, J., Rajovic, G., (2013), Consciência ambiental para a sustentabilidade: um inquérito piloto no assentamento de Belgrado Brace Jerkovic, *Revista Internacional de Avanços em Gestão e Economia*, 2 (1), 0 - 27.

104. Rajovic, G., Bulatovic, J., (2015), Estado da consciência ambiental no nordeste do Montenegro: uma revisão, *International Letters of Natural Sciences*, 2, 43 - 56.

105. Rajovic, G., Bulatovic,J., (2015), Regional - Demographic Problems and Quality of Life in Northeastern Montenegro: A Case Study, *European Geographical Studies*, 5 (1), 18 - 33.

106. Bulatovic, J., Rajovic, G., (2015), Business Competitive of Tourist Destination: the Case Northeastern Montenegro, *European Journal of Economic Studies,* 11 (1), 23 - 38.

107. Rajovic, G., Bulatovic, J., (2016), Análise comparativa das condições de vida nas povoações do município de Berane e nas povoações do município de Andrijevica: um estudo de caso, *European Researcher. Série A,* 103 (2), 87 - 106.

108. Rajovic, G., Bulatovic, J., (2016), Sensibilização ambiental para a sustentabilidade da floresta de Miljakovacke - Inquérito piloto na povoação de Miljakovac (Belgrado), *Revista de economia de Sochi*, 39 (1), 4 - 21.

109. Caldwell, Z. R., Zgliczynski, B. J., Williams, G. J., Sandin, S. A., (2016), Reef Fish Survey Techniques: Assessing the Potential for Standardising Methodologies, *PloS one*, 11 (4), e0153066.

110. Ommer, R. E., Paterson, B., (2014), Conclusões: Reframing the Possibilities for Natural and Social Science Dialogue on the Economic History of Natural Resources, *Ecology and Society*, 19 (1), 17.

111. Jentoft, S., Chuenpagdee, R., (2009), Fisheries and coastal governance as a wicked problem. *Marine Policy*, 33 (4), 553 - 560.

112. Khan, A. S., Neis, B., (2010), The rebuilding imperative in fisheries: Clumsy solutions for a wicked problem?, *Progress in Oceanography*, 87 (1), 347 - 356.

113. Wendt, C., (1997), Produkte Fiske, In: Fiskeriverket, Konferens om fisketurism: En naturlig näring, Rapport 1/04 - 97, Göteborg, pp. 21 - 24.

114. Blichfeldt, B. S. , Nicolaisen, J., (2012), Destination Branding: mission impossible", *TRU-Tourism Research*, Dinamarca: Aalborg Universitet.

115. Pike, S., (2004), Destination Marketing Organisations", Elsevier.

116. Therkelsen, A., (2007), Branding af turismedestinationer - muligheder og problemer", In Sørensen, A. (ed.): Grundbog i turisme, Frydenlund.

117. Morgan, N. J., Pritchard, A., Piggott, R., (2002), New Zealand, 100% Pure. The Creation of a Powerful Niche Destination Brand, *Brand Management*, 9 (4 - 5), 335 -354.

118. Konecnik, M., Go, F., (2008), Tourism Destination Brand Identity: The Case of Slovenia, *Brand Management*, 15 (3) , 177 -189.

119. Aaker, D. A., Joachimsthaler, E., (2000), Brand Leadership, Free Press.

120. Kapferer, J. N., (1988), Strategic Brand Management, Kogan Page, Londres.

121. Morgan, N. J., Pritchard, A., Piggott, R., (2003), Destination Branding and the Role of Stakeholders: The Case of New Zealand, *Journal of vacation Marketing*, 9 (3) , 285 -299.

122. Smith, S. L. J., (1994), The Tourist Product, 1994, *Annals of Tourism Research*, 21 (3) , 582 - 595.

123. Blichfeldt, B. S., (2005), Unmanageable Place Brands?, *Place Branding*, 1 (4) , 388 - 401.

124. Buhalis, D., (1999), Marketing the Competitive Destination of the Future, *Tourism Management*, 21 (1), 97 - 116.

125. Henderson, J. C., (2007), Uniquely Singapore? A Case Study in Destination Branding, *Journal of Vacation Marketing*, 13 (1- 3), 261 - 274.

126. Cowx, I. G., Arlinghaus, R., Cooke, S. J., (2010), Harmonising recreational fisheries and conservation objectives for aquatic biodiversity in in inland waters, *Journal of Fish Biology*, 76 (9), 2194 - 2215.

127. Radivojevic, V., (2011), Improving health tourism by applying innovative Wellness and Spa concepts", II Regional Conference on health, wellness and SPA tourism, Belgrade: Centre for Promotion, Wellness and SPA.

128. Arlinghaus, R., Cooke, S. J., (2009), Recreational fisheries: socioeconomic importance, conservation issues and management challenges, *Recreational hunting, conservation and rural livelihoods: science and practice*, pp. 39-58.

129. Franklin, A., (1988), Naturalising sports: hunting and angling in modern environments, *International Review for the Sociology of Sport*, 33, 355 - 366.

130. Muth, R.M., Bowe, J.F., (1988), Illegal harvest of renewable natural resources in North America: towards a typology of the motivations for poaching, *Society and*

Natural Resources, 11, 9 - 24.

131. Fedler, A.J., Ditton, R.B., (2001), Dropping out and dropping in: a study of factors for changing recreational fi shing participation, *North American Journal of Fisheries Management*, 21, 283 - 292.

132. Cox, S.P., Beard, T.D., Walters, C., (2002), Harvest control in open - access sport fi sheries: Hot rod or asleep at the reel? *Boletim de Ciências Marinhas*, 70, 749 - 761.

133. Sullivan, M.G., (2002), Illegal angling harvest of walleyes protected by length limits in Alberta, *North American Journal of Fisheries Management*, 22, 1053 - 1063.

134. Arlinghaus, R., Mehner, T., (2004), A management-oriented comparative analysis of urban and rural anglers in a large city (Berlin, Germany), *Environmental Management*, 33, 331 - 344.

135. Carpenter, S. R., Brock, W.A., (2004), Spatial complexity, resilience, and policy diversity: fishing on lake-rich landscapes, *Ecology and Society*, 9 (8).

136. Arlinghaus, R., (2006), Understanding recreational angling participation in Germany: preparing for demographic change, *Human Dimensions of Wildlife,* 11, 229 - 240.

137. Arlinghaus, R., (2005), A concetual framework to identify and understand conflicts in recreational fi sheries systems, with implications for sustainable management, *Aquatic Resources, Culture and Development*, 1, 145 - 174.

138. Arlinghaus, R., Cooke, S.J., Lyman, J. et al (2007), Understanding the complexity of catch - and - release in recreational fishing: an integrative synthesis of global knowledge from historical, philosophical, social, and biological perspectives, *Reviews in Fisheries Science*, 15, 75 - 167.

139. Gupta, N., Bower, S. D., Raghavan, R., Danylchuk, A. J., Cooke, S. J., (2015),

Status of recreational fisheries in India: Development, issues, and opportunities, *Reviews in Fisheries Science & Aquaculture*, 23 (3), 291 - 301.

140. Dahanukar, N., R. Raghavan, A. Ali, Abraham,R., Shaji,C.P., (2011), The status and distribution of freshwater fishes of the Western Ghats, p. 116, In: The Status and Distribution of Freshwater Biodiversity in the Western Ghats, India. (Molur, S., K. G. Smith, B. A. Daniel, e W. R. T. Darwall, compiladores). Cambridge/Coimbatore: IUCN/Zoo Outreach Organisation.

141. Raghavan, R., A. Ali, Dahanukar, N., Rosser, A.,(2012), Is the Deccan mahseer, Tor khudree (Sykes 1839) (Pisces: Cyprinidae) fishery in the Western Ghats Hotspot sustainable? A participatory approach to stock assessment, *Fish. Res.*, 110, 29 - 38.

142. Conservation Strategy Work Group- Eastern Brook Trout Joint Venture (2005), "Conserving the Eastern Brook Trout: An Overview of Status, Threats and Trends", pp. 2 - 14.

143. Hoover, E. E. , Morrill, G.W., Jr.,(1939), Autecology of brook trout (*Salvelinus fontinalis*) in two primitive streams of northern New Hampshire, New Hampshire Fish and Game Department, Technical Circular #2, Concord, New Hampshire.

144. Brash, J., J. Fadden, Mc.,Kmiotek, S., (1958), The eastern brook trout: its life history, ecology, and management, Wisconsin Conservation Department, Publication 226, Madison, Wisconsin.

145. Warner, K., Fenderson, O. C., (1960), Effects of DDT spraying for forest insects on Maine trout streams, *Journal of Wildlife Management*, 26 (1), 86 - 93.

146. Scott, W. B., Crossman, E. J., (1973), Freshwater fishes of Canada, Fisheries research Board of Canada, Bulletin 184.

147. Raleigh, R. F., (1982), Habitat suitability index models: brook trout, U.S.

Department of the Interior, Fish and Wildlife Service, FWS / OBS-82 / 10.24.

148. Wentworth, R. S., (1987), Biological effects of stream gravel mining in Vermont, Vermont Department of Fish and Wildlife position paper. Waterbury, Vermont.

149. Belford, D. A., Gould, W. R., (1989), An evaluation of trout passage through six highway culverts in Montana, *North American Journal of Fisheries Management*, 9, 437 - 445.

150. Wong, C. S., Capel, P. D., Nowell, L. H.,(2000), Organochlorine pesticides and PCBs in stream sediment and aquatic biota-initial results from the national water quality assessment programme, 1992 - 1995, U.S. Geological Survey, Water - Resources Investigations Report 00 - 4053, Sacramento, California.

151. Gibson, R. J., Haedrich, R. L., Wernerheim, C. M., (2005), Loss of fish habitat as a consequence of inappropriately constructed stream crossings, *Fisheries*, 30, (1), 10 - 17.

152. Laikre, L., Ryman, N.,(1996), Effects on intraspecific biodiversity from harvesting and enhancing natural populations, *Ambio,* 25, 504 - 509.

153. Maric, S.,(2005), Evolutionary history of the complex of brown trout Salmo trutta L. 1758 in the Republic of Serbia and the importance of fisheries (Diploma thesis), Universidade de Belgrado: Faculdade de Biologia.

154. Waters, T. F., (1983), Replacement of brook trout by brown trout over 15 years in a Minnesota stream: production and abundance, *Transactions of the American Fisheries Society*, 112, 137 - 146.

155. Larson, G. L., Moore, S. E., (***), Encroachment of exotic rainbow trout into stream populations of native brook trout in southern Appalachian Mountains", *Transactions of the American Fisheries Society*, 114, 195 - 203.

156. Goede, R. W., (1986), Management considerations in stocking of diseased or carrier fish. Pages 349-355 *in* R.H. Stroud, ed. Fish culture in fisheries management, American Fisheries Society, Bethesda, Maryland.

157. Stewart, J. E., (1991), Introductions as factors in diseases of fish and aquatic invertebrates, *Canadian Journal of 1985, Fisheries and Aquatic Sciences*, 48 (1), 110 - 117.

158. Hindar, K. N., Ryman, N., Utter, F., (1991), Genetic effects of cultured fish on natural fish populations, *Canadian Journal of Fisheries and Aquatic Sciences*, 48, 945 -957.

159. Krueger, C. C., May, B., (1991), Ecological and genetic effects of salmonid introductions in North America, *Canadian Journal of Fisheries and Aquatic Sciences*, 48 (1), 66 - 77.

160. Allendorf, F. W., R. Leary, R. F., Spruell, P., Wenburg, J. K., (2001), The problem with hybrids: setting conservation guidelines, *Trends in Ecology and Evolution*, 16, 613 - 622.

161. Bonney, F. R., (2001), "Brook trout management plan", Maine Department of Inland Fisheries and Wildlife, Augusta.

162. Dunham, J. B., Adams, S. B., Schroeter, R. E., Novinger, D. C.,(2002) , Alien invasions in aquatic ecosystems: towards an understanding of brook trout invasions and their potential impacts on inland cutthroat, *Reviews in Fish Biology and Fisheries*, 12, 373 - 391.

163. Peterson, D. P., Fausch, K. D., (2003), Testing population-level mechanisms of invasion by mobile vertebrate: a simple concetual framework for salmonids in streams, *Biological Invasions*, 5, 239 - 259.

164. North Carolina Wildlife Resources Commission (NCWRC) (2003), Brook trout management in North Carolina: supplement to a plan for management of North Carolina's trout resources", North Carolina Wildlife Resources Commission, Raleigh, Carolina do Norte.

165. Dunham, J. B., Pilliod, D. S., Young, M.K., (2004), Assessing the consequences of nonnative trout in headwater ecosystems in western North America, *Fisheries,* 29 (6), 18 - 26.

166. Molchanova,V., (2014), The Use of Online Service Booking in Tourist Activity, *European Journal of Social and Human Sciences*, 2 (2), 75 - 80.

167. Cowx, I. G., Arlinghaus, R., (2008), Recreational fisheries in the twenty one century: towards a code of conduct, In *Global Challenges in Recreational Fisheries* (Aas, Ø., Arlinghaus, R., Ditton, R. B., Policansky, D. & Schramm, H. L. Jr., eds), pp. 338 - 352, Oxford: Blackwell Science.

168. Cakic, J., (1996), Necessary changes for fish and fisheries, *Ribo revija*, 31, 40.

169. Gligorijevic, Z., Novovic, M., (2014), Health and recreational tourism in the development process of spas and mountain resorts, *Ekonomske teme*, 52 (4) , 509 - 522.

170. Granek, E. F., Madin, E. M., Brown, M. A., Figueira, W., Cameron, D. S., Hogan, Z., ... , Zahn, S., (2008), Engaging recreational fishers in management and conservation: global case studies, *Conservation Biology*, *22* (5), 1125 - 1134.

171. Cooke, S. J., Suski, C. D., Arlinghaus, R., Danylchuk, A. J., (2013), Voluntary institutions and behaviours as alternatives to formal regulations in recreational fisheries management, *Fish and Fisheries*, *14* (4), 439 - 457.

172. Ditton, R. B., Holland, S. M., Anderson, D. K., (2002), Recreational fishing as

tourism, *Fisheries*, 27 (3), 17 - 24.

173. Ministério da Agricultura, Florestas e Gestão da Água do Montenegro (2006), "Estratégia de desenvolvimento das pescas do Montenegro e reforço das capacidades para a aplicação da política comum das pescas da UE", Podgorica: Governo do Montenegro

Índice

MIX
Papier aus verantwortungsvollen Quellen
Paper from responsible sources
FSC® C105338

Printed by Books on Demand GmbH, Norderstedt / Germany